KRANKHEITEN DURCH AKTINOMYZETEN UND VERWANDTE ERREGER

WECHSELWIRKUNG ZWISCHEN PATHOGENEN PILZEN UND WIRTSORGANISMUS

VORTRÄGE DER
4. WISSENSCHAFTLICHEN TAGUNG DER DEUTSCHSPRACHIGEN
MYKOLOGISCHEN GESELLSCHAFT IN FREIBURG IM BREISGAU
AM 30. UND 31. OKTOBER 1964

HERAUSGEGEBEN VON

PROF. DR. H.-J. HEITE
FREIBURG IM BREISGAU

MIT 37 TEXTABBILDUNGEN

SPRINGER-VERLAG
BERLIN · HEIDELBERG · NEW YORK
1967

ISBN 978-3-642-49632-5   ISBN 978-3-642-49926-5 (eBook)
DOI 10.1007/ 978-3-642-49926-5

Satz :
Graphische Betriebe Dr. F. P. Datterer & Cie. Nachfolger Sellier OHG, Freising

Titel-Nr. 1392

Vorwort

des Vorsitzenden der deutschsprachigen Mykologischen Gesellschaft,
Prof. Dr. med. H. Götz, Essen

Die vorliegende Broschüre umfaßt die Vorträge der 4. wissenschaftlichen Tagung der Deutschsprachigen Mykologischen Gesellschaft in Freiburg/Br. am 30. und 31. Oktober 1964. Das erste Hauptthema beschäftigt sich mit den „Krankheiten durch Actinomyceten und verwandte Erreger". Auch wenn es sich hierbei nicht im strengen Sinne des Wortes um „Myzeten" handelt, sondern um bakterienartige Mikroben, so haben wir doch aus historischen Gründen auf die Beschäftigung mit diesem Grenzgebiet nicht verzichten wollen, zumal die Broschüren 1961, 1962 und 1963 dieser Schriftenreihe die Sitzungsberichte unserer Gesellschaft über die eigentlichen Pilze wie Dermatophyten, Hefen und Schimmelpilze als Hauptthemen früherer Tagungen enthalten. Zudem hat die bisherige Entwicklung der Deutschsprachigen Mykologischen Gesellschaft gezeigt, daß bei den zur Diskussion stehenden Krankheiten Hygieniker, Mikrobiologen bzw. Bakteriologen und Mykologen gerade durch ihre Zusammenarbeit mit den Human- und Veterinärmedizinern aller Disziplinen besonders fruchtbringende Arbeit zu leisten vermögen. In diesem Sinne fand auch das zweite Hauptthema der Tagung „Wechselwirkungen zwischen pathogenen Pilzen und Wirtsorganismus" ungeteilte Aufmerksamkeit.

Die ständig steigende Mitgliederzahl unserer Mykologischen Gesellschaft beweist, wie groß das Interesse an den lange Zeit als Stiefkind der Medizin behandelten Pilzkrankheiten geworden ist. Die Teilnahme aus der Bundesrepublik Deutschland, der Schweiz, Österreich, darüber hinaus aus Schweden, Frankreich und den Niederlanden war bemerkenswert rege und ließ besonders die herzliche Verbundenheit aller Mitglieder und Interessenten der großen internationalen „Mykologenfamilie" deutlich werden. Eine besondere Freude bereitete daher allen Anwesenden auch die Mitwirkung wieder einer Gruppe deutscher Ärzte aus der DDR. Zur weiteren Anregung und zur Förderung der Arbeit an den aufgeworfenen praktischen und wissenschaftlichen Aufgaben der medizinischen Mykologie möchte ich daher auch dieser Broschüre eine weite Verbreitung wünschen.

HANS GÖTZ

Inhaltsverzeichnis

Einzelvorträge zum 2. Hauptthema

III. Freie Vorträge

I. Hauptthema
Krankheiten durch Aktinomyzeten und verwandte Erreger

Aus dem Hygienischen Institut der Universität Köln
(Direktor: Prof. Dr. Fr. Lentze)

Die Aktinomykose und ihre Mikrobiologie

Fr. Lentze, Köln

Mit 7 Abbildungen

Einleitend sei zur Definition des Begriffs „Aktinomykose" daran erinnert, daß sie als Krankheit sui generis auf Grund der Eigenart ihres Erregers, im Entzündungsherd augenfällige Kristall-„Drusen" ähnelnde Kolonien zu entwickeln, entdeckt wurde. Man fand also hier zunächst den *Erreger* und baute erst dann gewissermaßen um ihn herum den Krankheitsbegriff auf – zuerst 1875 beim Rind (Bollinger) und danach 1878 bei einem analogen Krankheitsprozeß des Menschen (J. Israel)! Tatsächlich ist die Aktinomykose auch heute weder klinisch, noch pathologisch-anatomisch zu definieren, sondern allein aetiologisch durch den Nachweis des Erregers.

Das ist die erste, wie ich formulieren möchte, „Hypothek", die der Aktinomykoseforschung in das Labyrinth ihrer Irrwege mitgegeben wurde. Aus ihr erwuchs sofort die zweite dadurch, daß mit diesem Erreger der Aktinomykose damals als erste eine pathogene Species einer, wie wir heute wissen, artenreichen Familie von Mikroorganismen entdeckt wurde – woraus seither die irreführende Neigung folgert, bei Befund irgendeines „Strahlenpilzes" in einem banalen Eiter etc. automatisch das Vorliegen einer „Aktinomykose" zu konstruieren.

Diese beiden „Hypotheken" kennzeichnen den schwankenden Grund, auf dem so manche z.B. klinische Arbeit über humane Aktinomykosen fundiert ist. Das gilt vor allem dann, wenn die Definition der Einzelfälle des ausgewerteten Materials allein auf dem Nachweis sogenannter Drusen basiert: im Gegensatz zur Aktinomykose des Rindes mit den massenhaften klassisch konfigurierten Drusen des Actinomyces bovis entspricht einerseits der Aufbau der analogen Wuchsform des Erregers der Aktinomykose des Menschen, des Actinomyces israelii, kaum dem einer echten Kristall-Druse und besteht im Grunde genommen nur aus einer blumenkohl-ähnlich geformten Kolonie mit mehr oder minder dichtem Besatz von (nicht regelmäßig) kolbig verdickten fädigen Ausläufern; und andererseits bilden beim Menschen auch andere fädige Mikroorganismen namentlich der Leptotrichia-Gruppe ähnliche Körnchen im Eiter, ohne aber infiltrierende Prozesse hervorzurufen. Es kann daher beim Menschen sehr schwierig sein, solche Gebilde von Aktinomyces-Drusen zu unterscheiden, sogar in der besten Untersuchungsmethode, der nativen Mikroskopie (am besten in stark verdünnter Methylenblaulösung) und nachfolgender Gramfärbung des Ausstrichs.

Jedenfalls muß ich bekennen, daß es in der Humanmedizin Fälle gibt, wo ich auch nach jahrzehntelanger spezieller Beschäftigung mit diesem Gebiet es nicht wagen würde, zu entscheiden, ob eine Actinomyces-Druse vorliegt oder nicht – ich habe daher die Pathologen um die Sicherheit zu beneiden, mit der sie sogar aus Dünnschnitten solcher Gebilde die Diagnose mancher Aktinomykose ableiten!

Leider würde dieses Kapitel „A. Druse" per se bereits ein Kongreß-Referat füllen; ich muß es daher hier beiseite lassen.

Kultur: Zu der genannten Fehlerquelle kommt hinzu, daß Drusen beim Menschen keinesfalls im Eiter eines jeden Falles vorliegen; es bleibt hier also nur der Nachweis des Aktinomyzeten durch die Kultur. Aber *welcher* der vielen Strahlenpilze ist nun das beweisende Diagnostikum?

Welche Irrwege im Dschungel von Fehldeutungen mußten mehr als ein halbes Jahrhundert lang ausgeräumt werden bis zu unserem heutigen Wissen wenigstens um die *Systematik* dieser Erreger!

Tabelle 1. *Aktinomycetales*

II. Familie:	*Actinomycetaceae*
Genus I	Nocardia
Genus II	Actinomyces
	1. A. bovis
	2. A. israelii
	3. A. baudetii
III. Familie:	*Streptomycetaceae*

(Bergey: Manual of Determinative Bacteriology 1957)

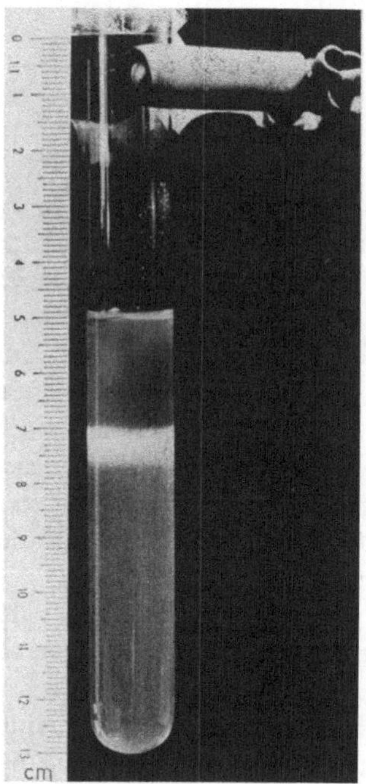

Abb. 1. Actinomyces israelii, Schüttelkultur im Reagenzglas. Beachte das bandförmige Wachstum 2 cm unterhalb der Oberfläche des Nährbodens

Wie ist nun dieser A. israelii anzuzüchten? Er gilt als „Anaerobier", ist aber strenggenommen ein mikroaerophiler Mikroorganismus, wie leicht durch Züchtung in Hochschicht-Nährböden (Abb. 1) zu beweisen ist. Eine solche Reinkultur belegt zugleich, daß *diagnostische* Hochschicht-Kulturen von Eitermaterial etc. nur geringe Erfolgsaussicht aufweisen können.

Methodisch geht der A. israelii daher im Vakuum (Zeissler-Topf) allenfalls kümmerlich an, sofern nicht CO_2 (ca. 5%) zugesetzt wird. Weitaus am besten bewährte sich uns in Jahrzehnten das Verfahren nach FORTNER, also die kombinierte Kultur mit Serratia marcescens, die einerseits den Sauerstoff aufzehrt und andererseits CO_2 produziert sowie zugleich „individuelle" Bebrütung und laufende Durchmusterung der einzelnen Kultur (siehe unten) ermöglicht.

Die größten Schwierigkeiten basieren freilich auf der Zusammensetzung des Nährbodens: einmal angezüchtet, also in Sekundärkultur etwa als „Laborstamm", wächst er nämlich irreführend auch auf einfachem Fleischwasseragar, primär aus dem Eiter etc. aber mitnichten: hier sind Spurenstoffe erforderlich, die unberechenbar nicht in jeder Nähr-

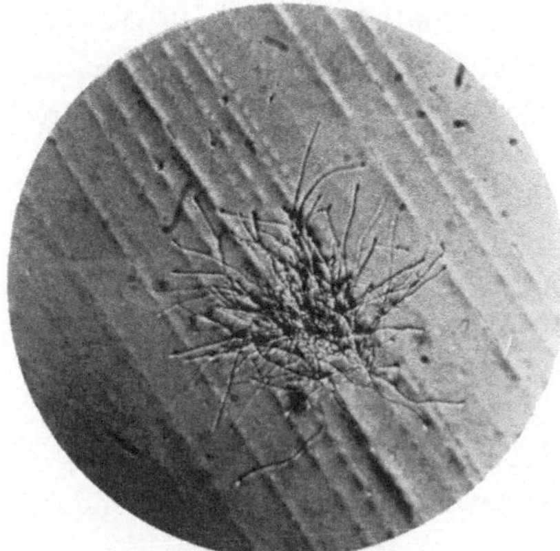

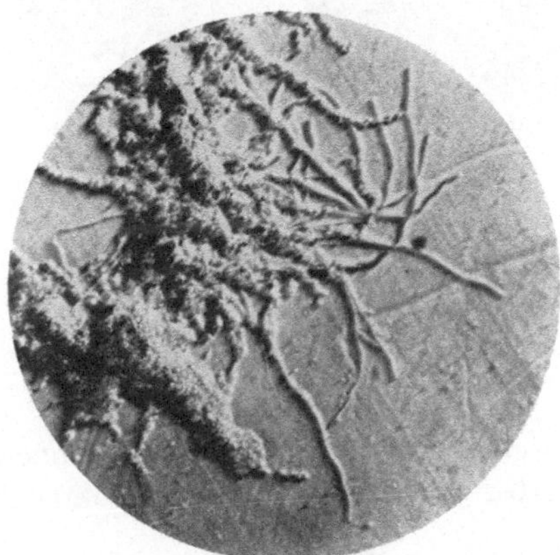

Abb. 2. A. israelii nach zweitägiger Bebrütung auf Ascites-Agrar anaerob nach Fortner (Vergrößerung 200 mal)

Abb. 3. A. israelii nach viertägiger Bebrütung auf Cellophanblatt über Ascites-Agar, anaerob nach Fortner
Beginnende Dissoziation in „Winkelwachstum" (Vergrößerung 300 mal)

boden-Charge vorliegen. Es blieb uns daher bislang zur Erzielung optimaler diagnostischer Resultate kein anderer Weg, als jede neue Nährbodencharge mit dem Eiter bekannter positiver Fälle in Primärkultur auszutesten. Nachdem jedoch HOWELL AND PINE (4) den Nährstoff-Bedarf des A. israelii mit 37 Ingredienzien ermittelt hatten, haben meine Mitarbeiter HEINRICH U. KORTH diese Kollektion aussortiert und einen festen durchsichtigen Nährboden entwickelt, der jetzt in jeder Charge sofort eingesetzt werden kann; nach jahrelanger Erprobung wird Herr S. HEINRICH weiter unten darüber berichten.

Aber auch dann, wenn der Aktinomyzet angewachsen ist, kann es bereits sehr schwierig werden, ihn inmitten der – wie wir später zu besprechen haben – regelmäßigen Begleitflora aufzufinden, wenn man nach der sonst üblichen bakteriologischen Technik die Entwicklung makroskopisch erkennbarer Kolonien abwartet (die zudem mindestens 6 bis 14 Tage Bebrütung erfordert, ein für Zwecke der Klinik schwerwiegender Zeitverlust). Das primär myceliale Wachstum des Genus Actinomyces (Abb. 2) schlägt nämlich nach einigen Tagen bei den meisten Stämmen in ein corynebakterienähnliches „Winkelwachstum" um (Abb. 3), dessen bakterielle Formen das

1*

primäre Mycel soweit überdecken können, daß äußerlich „glatte" Kolonien entstehen, die Bakterienkolonien täuschend ähneln (Abb. 4). Werden dann in üblicher Weise von solchen Kolonien Ausstrichpräparate angefertigt, zerfallen auch die im Innern der Kolonien enthaltenen Mycelien unter der Öse in bakterienartige Bruchstücke zu dem mikroskopischen Bild beliebiger „diphtheroider" Bakterien.

Wenn somit mittels der üblichen bakteriologischen Technik bereits die Kolonie des A. israelii nicht zu differenzieren ist, so tritt als weitere Fehlerquelle hinzu, daß beim Menschen außer ihm nach unseren Erfahrungen mindestens drei weitere (noch nicht systematisierte) mikroaerophile Aktinomyzeten in der Mundhöhle vorkommen, die auf dem gleichen Wege wie er ins Gewebe eingeschleppt werden können und dann in der Mischflora banaler Abszedierungen erscheinen, ohne aber einen spezifisch fortschreitenden

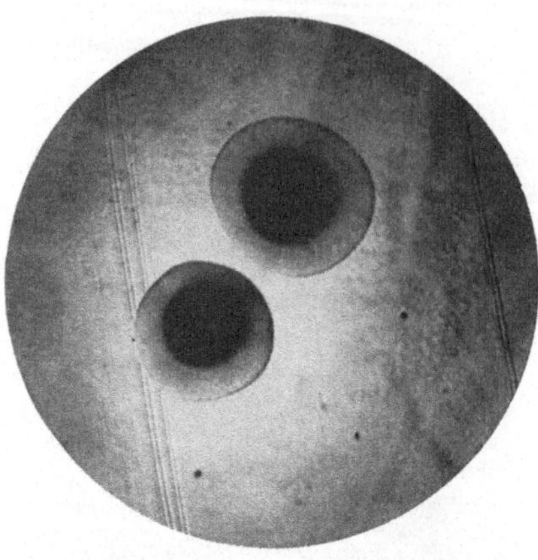

Abb. 4. A. israelii nach 14 tägiger Bebrütung. Völlig dissoziierte „S"-Kolonien in durchfallendem Licht (Vergrößerung 30 mal)

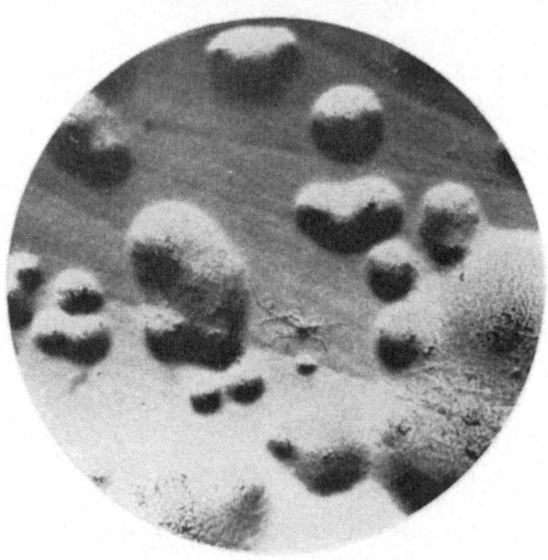

Abb. 5. Diagnostische Kultur des A. israelii in Eiter-Ausstrich auf Ascites-Agar nach 48 stündiger Bebrütung, anaerob nach Fortner (Vergrößerung 80 mal)

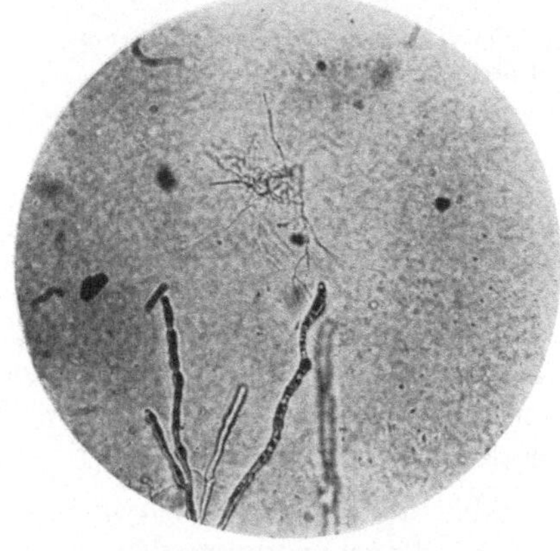

Abb. 6. A. israelii (oben) in Mischkultur mit Candida (unten) — Größenverhältnis! (Vergrößerung 150 mal)

infiltrierenden Prozeß im Sinne der „Aktinomykose" auszulösen; sie sind auf dem genannten Wege (Mikroskopie von Kolonie-Ausstrichen) überhaupt nicht zu erkennen und vollends nicht vom Erreger der Aktinomykose zu differenzieren!

Diese Schwierigkeiten lassen sich umgehen, wenn das Untersuchungsmaterial auf durchsichtigen festen Nährböden verarbeitet und die Kultur
nach zweitägiger Bebrütung täglich von der *Rückseite* der Kulturschale aus
durch den Nährboden hindurch bei etwa 100facher Vergrößerung in situ
mikroskopisch untersucht wird; die geschlossene Fortner-Platte braucht
daher nicht geöffnet und die Anaerobiose nicht unterbrochen zu werden.
Bei dieser Technik wird der A. israelii bereits in seiner noch charakteristischen ersten Wuchs-Phase erfaßt, in der er sich leicht identifizieren läßt
(Abb. 5). An der Größe (Abb. 6) und der Konfiguration seines Mycels ist
er sich zugleich sofort zumindest von den klein-mycelialen Arten der oben
erwähnten offenbar apathogenen Mundaktinomyzeten zu unterscheiden.

Jedenfalls hat uns vieljährige Erfahrung gezeigt, daß es mit dieser von
uns 1938 (*6*) angegebenen gewiß simplen Methode bei einiger Erfahrung
möglich ist, den A. israelii binnen wenigen Tagen mit einer für klinische
Zwecke ausreichenden Zuverlässigkeit zu identifizieren.

Für spezielle Zwecke muß der Aktinomyzet naturgemäß in Reinkultur herausgezüchtet
werden, was freilich einige Wochen erfordert. Das Verhalten der aus manifesten (!)
Aktinomykosen isolierten Stämme zeigt dann aber in der Wuchsform, dem fermentativen
Verhalten sowie in den Agglutininen Eigenschaften, die den A. israelii als einen unserer
Meinung nach in der Norm einheitlich definierten Mikroorganismus mit einer (oder evtl.
mehreren) seltenen Variante kennzeichnen, ein Sachgebiet, das hier jedoch nicht näher
besprochen werden kann.

Abortive Fälle: Aber nun taucht ein neues Problem auf: Bereits AXHAUSEN
(1935) wies mit Recht darauf hin, daß Actinomycesdrusen auch in klinisch
unkomplizierten, d.h. nach einfacher Inzision abheilenden Abszedierungen
(der Cervico-Facial-Region) vorkommen; er nannte sie „Aktinomykotische
Abszesse". Wir selbst konnten dann in solchen „banalen" Kieferabszessen
ohne Drusenbefund ebenfalls kulturell A. israelii nachweisen. Es gibt eben
auch bei der Aktinomykose einen abortiven Verlauf – hier läßt vielleicht eine
zufällig überstarke Begleitinfektion (s. u.) etwa mit hochvirulenten Staphylokokken etc. eine akute Einschmelzung aufschießen, die den Aktinomyzeten
im Eiter herausschwemmt, noch bevor er sich in das umgebende Gewebe
hinein ausbreiten kann. Aber – soll man einen solchen akuten Abszeß, der
ohne ausgreifende Gewebsinfiltration durch Einschmelzung ausheilt, nun
als „Aktinomykose" bezeichnen? Wir lehnen dieses ab: wenn auch, wie
einleitend hervorgehoben, nur aetiologisch sicher zu belegen, so bezeichnet
der Begriff „Aktinomykose" doch nicht einen Infekt, sondern einen bestimmten Krankheitsprozeß, der klinisch durch fortschreitende Infiltration
des Gewebes präzisiert wird; man kann daher die genannten abortiven
Actinomyces-infizierten Abszesse ebensowenig als „Aktinomykose" bezeichnen, wie man etwa einen durch die ruhenden Typhusbakterien eines
klinisch gesunden Ty-Bakterien-Trägers hervorgerufenen Sternalabszeß als
„Typhus abdominalis" diagnostizieren würde. Es sollten daher bei Unter-

suchungen auch des Mikrobiologen nur solche Fälle als Aktinomykose gewertet werden, die auch klinisch bzw. anatomisch die bekannten Merkmale aufweisen, nämlich infiltratives Fortschreiten oder zumindest rezidivierende Abszedierungen.

Herkunft der Infektion: Heute ist allgemein anerkannt, daß die Aktinomykose durch endogene Infektion mit einem natürlichen Commensalen der oberen Luftwege und des Darmes entsteht. In welcher Regelmäßigkeit er dort parasitiert, ist offen; jedenfalls scheint meine Reihenuntersuchung (*7*) von 48 gesunden Erwachsenen, die sich sämtlich als Träger des A. israelii in der Mundhöhle erwiesen, bisher als einzige publiziert zu sein. Wie uns seither weitere Stichproben immer wieder gezeigt haben, bleibt auch in Zukunft damit zu rechnen, daß dieser Aktinomyzet das „Trommelfeuer" mit den (angeblich) keimtötenden Zahnpasten etc. unserer Zeit überleben wird!

Offen ist ferner, wann der A. israelii im Laufe des Lebens in die Mundhöhle etc. einwandert; auch das „Wie" dieser Wanderung von Mund zu Mund bleibt vorerst der Phantasie überlassen.

Im übrigen liegen im Tierreich Analoga dieser endogenen Strahlenpilz-Krankheit vor, sicher beim Rind (s. o.), Schwein, Hund, Katze, die soweit bisher untersucht, mit jeweils arteigenen Aktinomyzeten besiedelt sind. Aktinomykosen sind ferner bekannt beim Reh, Pferd und der Mähnenrobbe.

Mischinfektion: Wenn wir nunmehr wieder zu den Verhältnissen beim Menschen zurückkehren, so drängt sich hier die Frage auf, warum der A. israelii trotz offenbar zumindest sehr häufigem Kommensalismus nur relativ selten eine Aktinomykose hervorruft. Sicher beruht dieses zu einem Teil auf dem glückhaften Faktum, daß dieser Aktinomyzet als Mikroaerophiler nur im geschädigten Gewebe mit negativem Redoxpotential auskeimen kann. Als weitere Erklärungsmöglichkeit bietet sich die bereits von J. Israel vermerkte Tatsache an, daß Aktinomykosen mit anderen Mikroorganismen mischinfiziert sein können. Aber ist diese Mischinfektion (wie viele Autoren angenommen haben) „Zufall" – oder gesetzmäßig-konstant und damit eine aetiologische Voraussetzung des Anlaufens des Krankheitsprozesses?

Diese naturgemäß auch praktisch für die Therapie wichtige Frage wird seit 5 Jahrzehnten diskutiert. Der verdiente Forscher Naeslund (*9*) suchte sie 1930 im Tierversuch zu lösen. Wenn er dabei keine vollgültigen Beweise erbringen konnte, dann deshalb, weil offensichtlich mit dem an den Menschen angepaßten A. israelii beim Tier keine echte, das heißt tödlich-fortschreitende Aktinomykose zu erzeugen ist.

Ein solcher Beweis ist daher (ohne Versuche am Menschen) nur statistisch zu erbringen durch Untersuchung möglichst zahlreicher Fälle auf das Vorliegen oder Fehlen dieser Mischinfektion.

Ich habe mir – nach Entwicklung einer ersten annähernd zuverlässigen Methodik der diagnostischen Primärkultur des A. israelii – 1939 diese Aufgabe gestellt und seither bei allen in meinen Laboratorien nachgewiesenen Aktinomykosen des Menschen zugleich auch die Begleitflora des Aktinomyzeten austesten lassen.

Methodisch wurden zu diesem Zweck je Fall zur Untersuchung auf Aerobier mindestens 2 und zum Nachweis von Anaerobiern mindestens 4 verschiedene Nährböden (Anaerobiose nach Fortner mit 14tägiger Bebrütung) eingesetzt.

Zur Untersuchung der in Rede stehenden Frage seien hier aus meinem Material von Befunden des A. israelii nur alle die Fälle ausgewertet, die nach den uns bekannten klinischen Daten die oben genannten Kriterien der manifesten Aktinomykose aufwiesen; nicht einbezogen werden (mehrere Hundert) akute Abszesse sowie jene Fälle, in denen uns keine gesicherten klinischen Daten zur Verfügung standen. Das in diesem Sinne präzisierte Material umfaßt bisher 1011 manifeste Aktinomykosen folgender Lokalisation:

Cervicofacial-Region	933 Fälle
Zunge	13 „
Lunge	45 „
Abdomen	20 „
	1011 Fälle

Selbstverständlich wird ein solcher „Marathonlauf" über nahe an 9000 Tage mit Unsicherheitsfaktoren in der Intensität der Suche nach diesen Nebenbefunden (!) belastet; im vorliegenden Fall kam hinzu, daß ich während dieser 25 Jahre zweimal ein neues Institut zu übernehmen hatte und dort unter z. T. schwierigen äußeren Arbeitsbedingungen jeweils neue Mitarbeiter anschulen mußte.

In Hinblick auf diese und alle anderen möglichen Fehlerquellen (Nährbodenversager etc.) einer solchen jahrzehntelangen Reihenuntersuchung überraschte uns immer wieder, daß nur in extremen Ausnahmefällen neben dem Aktinomyzeten keine weiteren Mikroorganismen aufzufinden waren: unter unseren 1011 Fällen fehlten dann, wenn die Kulturen 14 Tage lang bebrütet werden konnten – was bei einigen Fällen bei Kriegsende aus verständlichen Gründen nicht möglich war – Begleitbakterien überhaupt nur in 3 Fällen; hier konnte somit nur der A. israelii angezüchtet werden.

Bei 2 dieser 3 Fälle mit diagnostischer Reinkultur des Aktinomyzeten handelte es sich um Kieferaktinomykosen, die vor unserer Untersuchung bereits wochenlang intensiv antibiotisch behandelt worden waren, womit die Möglichkeit offen bleibt, daß eine etwa zuvor mitlaufende Begleitflora inzwischen eliminiert worden war; hinzu kommt, daß beide Proben erst nach relativ langer Laufzeit im Postversand (aus Berlin bzw. München) von uns verarbeitet werden konnten.

Volle Beweiskraft kommt somit defacto nur dem dritten Fall (ebenfalls Kieferaktinomykose) zu – seine Bearbeitung fiel in die personell kritische Phase des Einsatzes einer neuen Assistentin!

Jedenfalls dürften diese vereinzelten „negativen" Fälle unserer Serienuntersuchung in den Bereich der allgemein anerkannten biologischen Fehlerquote von 2 : 1000 fallen und damit als Beweismittel ausscheiden. Das gilt vollends dann, wenn man zu unserer Reihe die einzige unseres Wissens bisher von anderer Seite publizierte Untersuchungsserie von PER HOLM (3) mit 360 sogar ohne Ausnahme mischinfizierten Aktinomykosen hinzurechnet.

Es ergibt sich daraus die nunmehr gesicherte Folgerung, daß die sog. Mischinfektion der Aktinomykose kein Zufall ist, sondern vielmehr eine naturgesetzliche Regel, die damit eine aetiologische Beteiligung der Begleitbakterien bei der Entwicklung der Aktinomykose beweist! Offenkundig sind es diese Begleit-Organismen, die dem Aktinomyzeten zumindest beim ersten Anlaufen des Infekts den Weg ins Gewebe aufschließen. In der Tat konnte BREDE (1) bei Testung von 88 unserer aus manifesten Aktinomykosen gezüchteten A. israelii-Stämmen keine Bildung von Depolymeridasen (Hyaluronidase etc.)

Tabelle 2. *1011 Aktinomykose-Fälle: Begleitbakterien des Actinomyces israelii*

	Casus sa.
Staphylokokken	349
Streptokokken vergrünend	279
haemolysierend	32
Pneumokokken	2
Escherichia coli	20
aerob steril	329
Actinobacterium actinomycetem-comitans	253
Bacteroid. melaninogenicus	364
Bacteroid. funduliformis	58
Fusobacteria	178
Leptotrichia	273
Corynebacterium acnes	69

nachweisen, während sich die häufigsten Arten solcher Begleiter (siehe unten) regelmäßig als Produzenten dieser Fermente erwiesen.

Begleitflora: Über die Zusammensetzung der Begleitflora macht PER HOLM (3) keine Angaben; unserMaterial liegt aufgeschlüsselt vor (Tabelle 2).

Leider ist es unmöglich, an dieser Stelle auf Einzelheiten dieser Befunde einzugehen. Sie beweisen nämlich, daß hier nicht etwa eine echte Symbiose des Aktinomyzeten mit einem bestimmten Begleiter vorliegt, sondern ein polybakterielles Trabantentum, das den A. israelii als Leitorganismus und somit als eigentlichen „Erreger" der Krankheit propagiert.

Nur zwei Besonderheiten seien hervorgehoben: die eine

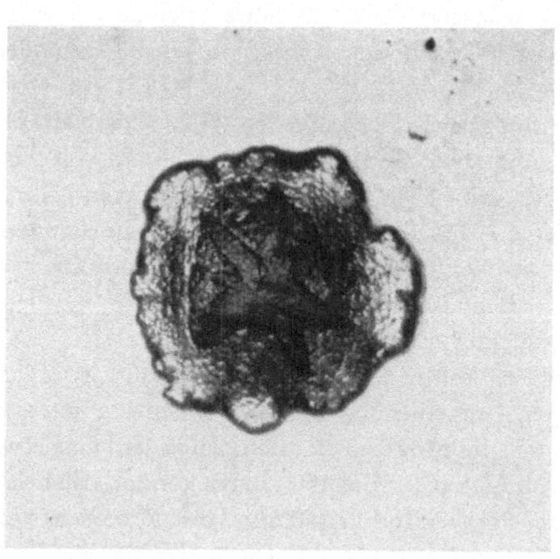

Abb. 7. Actinobacillus actinomycetem-comitans, voll entwickelte Kolonie mit typischer Innenzeichnung Anaerob nach Fortner 14 Tage bebrütet (Vergrößerung ca. 60 mal)

besteht darin, daß unter diesen Begleitbakterien praktisch alle Arten von Entzündungserregern gefunden wurden, in keinem Falle aber das B. pyocyaneum (Pseudomonas aeruginosa), dessen überstarke Fermente offenbar den Aktinomyzeten hemmen oder zerstören. Zum anderen erfordert der von uns in 253 vielfach auffallend chronischen (!) Fällen nachgewiesene Actinobacillus actinomycetem comitans besonderes Interesse (Abb. 7). Dieser bereits 1912 von KLINGER (*5*) beschriebene charakteristische Trabant weist nämlich bereits seinerseits beträchtliche pathogene Fähigkeiten auf (*2*) und wurde neuerdings sogar als Erreger eines Endocarditis-Falles (*8*) nachgewiesen.

Therapie: Die altbewährte chirurgische Behandlung wurde auch hier durch Anwendung der Antibiotica wesentlich unterstützt. Ihre Auswahl sollte jedoch auch die Resistenzverhältnisse der – wie oben gezeigt aetiologisch beteiligten – Begleitbakterien (Tabelle 3) berücksichtigen.

Tabelle 3. *Antibiotica-Empfindlichkeit des Aktinomyces israelii und der beiden wichtigsten Begleitbakterien*

Empfindlichkeit gegen:	Actinomyces israelii	B. comitans	B. melanino-genicus
Penicillin G	+	resistent! (bis 25 E/ml)	+
Streptomycin	+	+	resistent!
Chloramphenicol	+	+	resistent!
Tetracyclin	+	+	+
Chlor-Tetracyclin	+	+	+
Oxy-Tetracyclin	+	+	+
Erythromycin	+	resistent!	+
Oleandomycin	+	resistent!	+
Selectomycin	wechselnd*)	resistent!	±!
Kanamycin	wechselnd*)	+	resistent!
Vancomycin	+	resistent!	+
Colistin	resistent!	±!	resistent!
Gabbromycin (Aminosidin) . .	±!	+	resistent!
Novobiocin	+	+	+
Ampicillin (Binotal)	+	+	+

*) Nur bei einigen Stämmen ausreichend wirksam.

Doch auch Chirurgie, Bestrahlung und Antibiotica garantieren noch nicht in jedem Fall die Heilung der Aktinomykose. Sehr wirksam kann vielmehr die Anwendung von Vaccinen mithelfen. V. PAYR (*10*) hatte sie 1933 als Autovaccine inauguriert – die sich leider erst nach 6 Wochen liefern läßt. Wir konnten sie dann 1938 nach Klärung des Antigenaufbaus des A. israelii durch Entwicklung einer vorrätig zu haltenden und damit sofort einsatzfähigen Hetero-Vaccine des Aktinomyzeten mit Zusatz des Aktinobact. comitans (!) ausbauen. Sie hat sich bisher in der Therapie der cervicofacialen Lokalisationsform in der Breite bewährt (*11*), zugleich als Diagnosticum zur spezifischen Provokation unklarer Infiltrate.

Immerhin aber bleibt auch hier noch viel zu tun: mir ist leider aus allzu vielen Anfragen ratsuchender Ärzte bekannt, daß es immer noch Fälle von Aktinomykose namentlich des 'Thorax' und des Abdomens gibt, um deren Leben verzweifelt gekämpft werden muß!

Das gleiche gilt leider für die sehr seltene interne *Nocardiose*, die hier nur anhangsweise gestreift sei, zumal die letzten Jahre keine neuen Erkenntnisse gebracht haben.

Bei ihr liegen grundsätzlich andere Verhältnisse vor, als bei der Aktinomykose des Menschen:

Sie entsteht durch exogene Infektion mit aeroben (auch für manche Versuchstiere pathogenen) Saprophyten der freien Natur, befällt in unseren Breiten (nicht in den Tropen!) praktisch nur die Lunge, neigt dann aber zur Streuung namentlich in das Knochensystem und Gehirn.

Drusen werden bei der internen Nocardiose*) praktisch nicht gebildet; Mischinfektion fehlt; die bisher marktgängigen Antibiotica sind wirkungslos, nur Sulfonamide versprechen Erfolg.

Zusammenfassung

Zur Frage der Definition der „Aktinomykose" des Menschen wird darauf hingewiesen, daß sie weder klinisch, noch histologisch, sondern allein aetiologisch möglich ist, d. h. durch den Nachweis des *Erregers*. Nachweis und Differenzierung des A. israelii ist daher das Kernproblem der Aktinomykose-Forschung.

Zu diesem Sachverhalt werden die Wuchsformen des A. israelii und die Möglichkeit seines diagnostischen Nachweises in Anaerobenkulturen nach Fortner binnen 48 Stunden demonstriert und u. a. die theoretische Wertung klinisch absortiver A. israelii-Infekte als „Aktinomykosen" diskutiert.

Aus eigener Untersuchungsreihe von 1011 auch klinisch manifesten A. israelii-Infektionen (chronisch-infiltrativer oder rezidivierender Verlauf), die lückenlos zugleich auf weitere – begleitende – Mikroorganismen des Aktinomyzeten untersucht wurden, wird in Bestätigung einer analogen Untersuchungsreihe von Per Holm gezeigt, daß die Aktinomykose mit einer Sicherheit von mindestens 998 : 2 eine polybakterielle Infektion mit dem A. israelii als zentralem „Erreger" und Leitorganismus ist. Für die Klinik folgert daraus die Indikation, bei der Auswahl der anzuwendenden Antibiotica zugleich die Antibiotica-Resistenz der im Einzelfall vorliegenden „Begleitbakterien" zu berücksichtigen, die für zwei der häufigsten Arten tabellarisch beigefügt wird. Diese Therapie kann wirksam durch Einsatz von Heterovaccinen aus zwei A. israelii-Typen und des wichtigsten Begleitbacteriums, des Actinobacillus' aktinomycetem-comitans, unterstützt werden.

Anhangsweise werden spezielle Daten der Nocardia-Infektionen der gemäßigten Breiten diskutiert.

---

*) Im Gegensatz zu den tropischen Myzetomen („Madurafuß").

Literatur

1. Brede, H. D.: Zur Aetiologie und Mikrobiologie der Aktinomykose I. Zbl f. Bakt. I Orig. **174**, 110 (1959).
2. Heinrich, S., u. G. Pulverer: Zur Aetiologie und Mikrobiologie der Aktinomykose III. Zbl. Bakt. I Orig. **176**, 91 (1959).
3. Holm, P.: Studies on the Aetiology of Human Actinomycosis I. The „Other Microbes" of Actinomycosis and their importance. Acta pathol. et microbiol. scand. **27**, 736–51 (1950).
4. Howell, A., and L. Pine: Studies on the Growth of Species of Actinomyces. I. Cultivation in a synthetic medium with starch. Journ. of Bact. **71**, 47–53 (1956).
5. Klinger, R.: Untersuchungen über menschliche Aktinomykose. Zbl. f. Bakt. I Orig. **62**, 198 (1912).
6. Lentze, F.: Die mikrobiologische Diagnostik der Aktinomykose. Münch. med. Wschr. 1938, 1826.
7. Lentze, F.: Die Aetiologie der Aktinomykose des Menschen. Deutsche Zahnärztliche Zschr. **3**, 913 (1948).
8. Mitchell, R. G., and W. A. Gillepsie: Bacterial endocarditis due to an actinobacillus. J. clin. Path. **17**, 511 (1964).
9. Naeslund, C.: Experimentelle Studien über die Ätiologie und Pathogenese der Aktinomykose. Acta path. et microbiol. scand. Suppl. 1931 Bd. VI.
10. v. Payr, E.: Zur Diagnose und Behandlung der Aktinomykose. – Autovakzinetherapie. Münch. med. Wschr. 1933, 1001.
11. Schuchardt, K.: Fortschritte der Kiefer- und Gesichts-Chirurgie. Bd. IX (Thieme 1964). S. 304–7/Diskussionsbemerkungen von Mayer D., Büchs H., Gabka J., Lücke R.

Prof. Dr. Fr. Lentze
Hygienisches Institut der Universität Köln
5 Köln-Lindenthal

Aus der Hautklinik der Westfälischen Wilhelmsuniversität Münster i.W.
(Direktor Prof. Dr. med. P. Jordan)

Die Aktinomykose aus dermatologischer Sicht

F. Fegeler

Mit 2 Abbildungen

In Deutschland zählt die Aktinomykose heute zu den nur selten vorkommenden chronischen Infektionskrankheiten. An der Hautklinik in Münster sahen wir z. B. in den letzten 10 Jahren nur 9 Fälle. Davon wurden uns 3 zur Begutachtung geschickt.

Von der ganz seltenen primären Aktinomykose und der Zungenaktinomykose abgesehen, fällt der Beginn der Erkrankung eigentlich in das Zuständigkeitsgebiet des Zahnarztes oder des Chirurgen bzw. Internisten.
Und doch wird die Diagnose nahezu immer erst gestellt, wenn die Haut in
irgendeiner Form beteiligt ist. Die Anfangsstadien werden oft übersehen,
da sie – wie man heute weiß – recht uncharakteristisch sein können. Das typische Bild mit der brettharten Infiltration und der Fistelbildung stellt ein fortgeschrit-
tenes Stadium dar (Abb. 1).

Die Gesichtspunkte, die den Dermatologen bei Diagnose, Beurteilung und Therapie der Aktinomykose auf den Plan rufen, sind vor allem folgende:

1. Die Aktinomykose gilt im allgemeinen als Pilzerkrankung, obwohl die Aktinomyzeten eine Zwischenstellung zwischen Bakterien und Pilzen einnehmen. Da der weit überwiegende Teil der Mykosen Dermatomykosen sind, war und ist die Mykologie das Zuständigkeitsgebiet des Dermatologen geblieben.

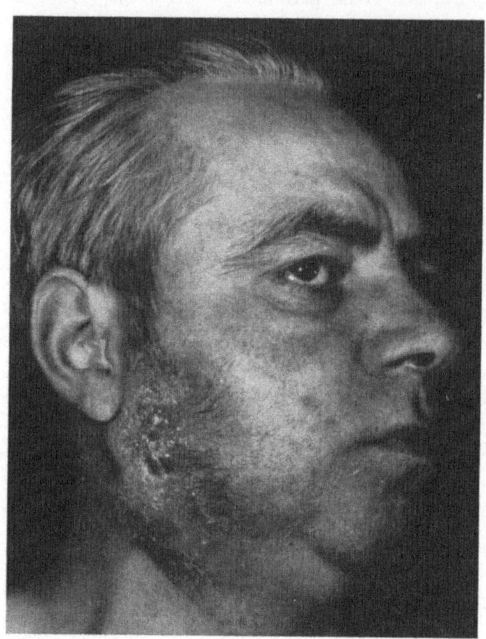

Abb. 1. Typische cervicofaciale Aktinomykose mit Kiefer-
sperre

2. Die primäre Aktinomykose beginnt an der Haut oder den sichtbaren
   Schleimhäuten; aber auch die sekundäre Form wird im allgemeinen erst
   als Aktinomykose diagnostiziert, wenn die Haut beteiligt ist. Sie muß
   differentialdiagnostisch von anderen chronisch entzündlichen Prozessen
   (z. B. Tuberkulose, Lues u. anderen Mykosen) abgegrenzt werden.
3. Die gutachtliche Beurteilung wird im allgemeinen vom Dermatologen
   durchgeführt.

Die *mykologische Diagnose* ist, wie wir aus eigener Erfahrung bestätigen
können, keineswegs einfach. Es ist Lentze zu verdanken, daß er seit vielen
Jahren anhand eines großen Untersuchungsmaterials dieses Problem bearbeitet hat. Bei der relativen Seltenheit der Aktinomykose erscheint es
angezeigt, daß die mykologische Diagnostik der Aktinomykose, besser die
Kontrolle der eigenen Untersuchungsergebnisse, möglichst einem Institut
mit größeren Erfahrungen und Untersuchungsmaterial vorbehalten bleibt.

Die *primäre Aktinomykose* ist eine Rarität, seitdem man unter Aktinomykosen nur diejenigen Krankheitsbilder versteht, die durch anaerobe Aktinomyzeten hervorgerufen werden. Die aerob wachsenden Aktinomyzeten sind Nocardien, die durch sie hervorgerufenen Krankheitsbilder demnach Nocardiosen. Auch das Mycetom ist, soweit es nicht durch Pilze oder andere Erreger verursacht wird, fast ausschließlich eine Nocardiose.

Da anaerobe Aktinomyzeten außerhalb des menschlichen oder tierischen Organismus nicht vorkommen, entstehen primäre Aktinomykosen der Haut praktisch nur nach Bißverletzungen oder Verletzungen, bei denen die Wunde mit Speichel in Berührung gekommen ist. So hat man primäre Aktinomykosen nach Schlägereien beobachtet, bei denen

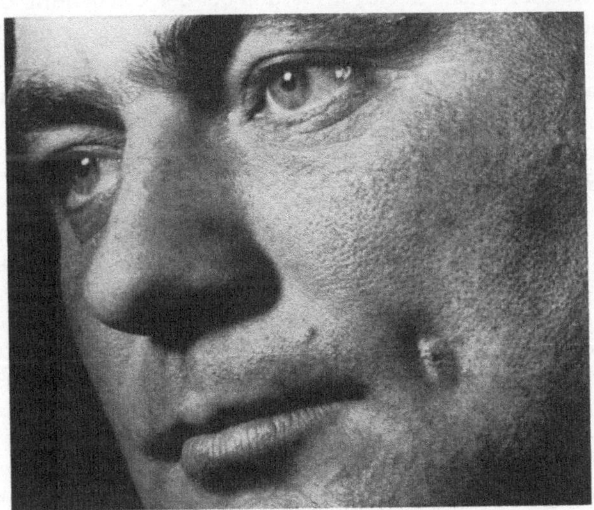

Abb. 2. Abortive Form einer Aktinomykose

Faustverletzungen an einem Zahn vorkamen. Auch an der weiblichen Brust sind primäre Aktinomykosen nach Bißverletzungen beschrieben worden. Alle anderen Verletzungen stellen die Entstehung einer primären Aktinomykose in Frage, wie an einigen Beispielen zur gutachtlichen Beurteilung einer Aktinomykose gezeigt werden kann.

Die weit häufiger vorkommenden *sekundären Aktinomykosen* – meist in der cervicofacialen Form – verlangen eine möglichst frühzeitige Abgrenzung anderer dermatologischer Krankheitsbilder. So ist die „äußere Zahnfistel" nicht selten eine beginnende Aktinomykose. Derartige Formen werden von Lentze als abortive Formen und von Wassmund als Pseudoaktinomykose bezeichnet, weil ihnen für die Aktinomykose führende Symptome – Chronizität des Verlaufs, kontinuierliche Ausbreitung mit Gewebsverhärtung und Neigung zur multiplen Abszeß- oder Fistelbildung – fehlen (Abb. 2). Abzugrenzen ist die Aktinomykose im Kieferhalsbereich von der Tuberkulose (Scrofuloderm) und von der Sporotrichose, seltener von Tumoren oder

Metastasen; die Aktinomykose im Anogenitalbereich außerdem noch von der Lues und vom Lymphogranuloma inguinale.

Die *versorgungsrechtliche Beurteilung* der Aktinomykose muß von der bekannten Tatsache ausgehen, daß es menschenpathogene anaerobe Aktinomyzeten außerhalb des Organismus nicht gibt. Die beiden als Erreger infragekommenden Aktinomyzeten (A. israelii bzw. bovis) sind fakultativ pathogene Kommensalen der Mundhöhle und treten von Ausnahmen abgesehen von hier aus ihren Weg an den Infektionsherd an. Das Kauen von Gräsern und Strohhalmen als Ursache der „Strahlenpilzerkrankung" ist vom Gesichtspunkt der Übertragung eines Erregers demnach völlig gefahrlos. Trotzdem ist aber dieser Infektionsmodus bei der Entstehung der Zungenaktinomykose insofern von Bedeutung, als Verletzungen durch Getreidegranen den in der Mundhöhle vorhandenen Aktinomyzeten einen Weg ins Gewebe bahnen können. Im anaeroben oder mikroaeroben Milieu können dann die Aktinomyzeten ihre parasitäre Funktion entfalten.

Drei Beispiele sollen die Problematik der Beurteilung einer Aktinomykose in versorgungsrechtlichem Sinne aufzeigen.

Im ersten Fall handelt es sich um einen Landwirt, der sich angeblich bei der Ernte mit einer Ähre an der rechten Wange verletzt hatte. Einige Tage danach sei es zu einer erheblichen entzündlichen Schwellung der Wange gekommen, die sich nach 3 Penicillininjektionen zurückbildete. Bei der Röntgenaufnahme wurden Wurzelreste von zwei Zähnen im Unterkiefer festgestellt und operativ entfernt. Nach weiteren 14 Tagen kam es zu einem Rezidiv der Wangenschwellung, die sich wieder unter 3 Penicillininjektionen zurückbildete. Dies habe sich noch zweimal wiederholt. Danach erfolgte Krankenhausaufnahme wegen erneuter Schwellung: chirurgische Eröffnung eines Abszesses mit viel Eiter. Die histologische Untersuchung eingesandten Gewebematerials habe die Diagnose „Strahlenpilzerkrankung" ergeben. Heilung trat nach Penicillin, Supronal und 10 Röntgenbestrahlungen ein. Ganz offensichtlich hat hier die Aktinomykose ihren Ausgang von den Wurzelresten im Unterkiefer genommen, zumal die Wangenschwellung auch zunächst im Unterkieferbereich aufgetreten war und erst später auf den oberen Teil der Wange übergriff.

Der zweite Fall war in seinem Verlauf wesentlich chronischer. Eine 43jährige Bäuerin hatte sich bei der Ernte eine Verletzung mit einer Heugabel am linken Oberschenkel zugezogen. Unter Bettruhe und Kamillenumschlägen verheilte die Wunde zunächst in 14 Tagen. Kurz danach traten jedoch ziehende Schmerzen im Bein und etwa 6 Wochen nach dem Unfall auch plötzlich Schmerzen im Unterleib auf. Im Krankenhaus wurde ein Abszeß über dem Steißbein eröffnet. Von diesem Tage bis zur Begutachtung 7 Jahre später, begann für die Bauersfrau ein Leidensweg, der zu wiederholten Krankenhauseinweisungen mit Eröffnung immer wieder neu entstehender Abszesse führte. Bei der gutachtlichen Untersuchung war die Frau in stark herabgesetztem Allgemeinzustand und wies zahlreiche Incisionsnarben am Bauch, Gesäß und Oberschenkel auf.

Auch hier hat ganz offensichtlich eine Aktinomykose des Genitalbereichs vorgelegen, wie sie gelegentlich von einem Douglasabszeß ihren Ausgang nimmt. Die Entstehung eines Aktinomykoseherdes an der benachbarten Verletzungsstelle kann höchstens als sekundäre Folge einer primär anders lokalisierten Aktinomykose angesehen werden, wobei das Trauma wohl lediglich einen locus minoris resistentiae geschaffen hat.

Von besonderem Interesse ist der dritte Fall, weil in einer Fachklinik eine Aktinomykose als Wehrdienstbeschädigung unter falscher Begründung anerkannt wurde. Ursächlich für die Entstehung der Aktinomykose während der Gefangenschaft wurde eine Infektion durch Gräserkauen während der Übernachtung auf einer Wiese angesehen. Bei der Nachbegutachtung 2 Jahre später haben wir es allerdings bei der Anerkennung der WDB belassen, aber den stark herabgesetzten Allgemeinzustand infolge Unterernährung sowie die mangelhafte ärztliche Versorgung und Behandlung im Sinne einer Verschlimmerung als Grund angeführt. Als direkte Kriegsfolge kann eine Aktinomykose nur anerkannt werden, wenn sie im Anschluß an eine Verletzung im Gesicht oder Bauchraum auftritt.

Der starke Rückgang der Aktinomykose ist sicher auf die viel häufigere, meistens unbewußt durchgeführte prophylaktische Behandlung, sowie die wirksame Frühbehandlung mit Antibiotica und Sulfonamiden zurückzuführen. Gerade wegen der Seltenheit sollte sie aber nicht vergessen werden. Für den Dermatologen ergibt sich dabei als vordringliche Aufgabe die frühzeitige differentialdiagnostische Abgrenzung anderer Krankheitsbilder. Nur so kann die immer wirksame Therapie im Frühstadium durchgeführt werden.

Zusammenfassung

Obwohl der Krankheitsbeginn der Aktinomykose überwiegend in das Zuständigkeitsgebiet anderer Fachdisziplinen fällt, bleibt dem Dermatologen die vordringliche Aufgabe der Frühdiagnose, besonders auch durch die differentialdiagnostische Abgrenzung anderer Krankheitsbilder. Bei der gutachtlichen Beurteilung ist stets zu berücksichtigen, daß die anaeroben Aktinomyzeten praktisch nur als Kommensalen in der Mundhöhle vorkommen, und somit eine Infektion von außen nicht erfolgen kann.

Literatur

FEGELER, F.: Die Aktinomykose, Handb. d. Haut- und Geschlechtskrkh. (Ergänzungswerk) Bd. IV/4, S. 527, Berlin–Göttingen–Heidelberg: Springer 1963.

Prof. Dr. F. FEGELER
Oberarzt der Hautklinik der
Westf. Wilhelmsuniversität,
44 Münster, v. Esmarch-Str. 56

                    S. Heinrich und H. Korth:

Aus dem Hygienischen Institut der Universität Köln
(Direktor: Prof. Dr. F. Lentze)

Zur Nährbodenfrage in der Routinediagnostik der Aktinomykose

Ersatz unsicherer biologischer Substrate durch ein standardisiertes Medium

S. Heinrich und H. Korth
unter technischer Assistenz von M. Damen

Die primäre Anzüchtung des Erregers der Aktinomykose scheitert, wie von Lentze eingangs (S. 2) dargelegt, nicht selten an einem optimalen Kulturmedium, während seine Fortzüchtung als Laborstamm schon auf einfachem Fleischwasseragar möglich ist.

Für die Primärkultur des Aktinomyces israelii aus dem Eiter oder Gewebe des Krankheitsprozesses werden daher analog anderer anspruchsvoller Mikroorganismen im allgemeinen nur hochwertige, eiweißreiche Nährböden auf der Grundlage von Organauszügen (Hirn, Herz), Blut, Serum oder Ascites empfohlen (Eriksen, Holm, Lentze, Rosebury, Epps and Clark, Thompson). Da diese Substrate aber bekanntlich sowohl untereinander verschieden als auch in sich selbst nicht beständig sind, ist Qualität und Verläßlichkeit solcher Nährböden oft unberechenbar eingeschränkt; um Kulturversager zu vermeiden, muß man daher — wie bereits erwähnt — jede neue Charge erst mühsam mit Eiterproben gesicherter positiver Fälle austesten.

Es ist deshalb nur allzu verständlich, daß wir in unseren Bemühungen um eine zuverlässige Aktinomykose-Diagnostik bestrebt waren, diese unsicheren biologischen Substrate auszuschalten und durch ein möglichst konstantes, chemisch besser definiertes Nährmedium zu ersetzen.

Die Anforderungen, die wir an einen solchen standardisierten Nährboden zu stellen hatten, ergaben sich, vom Qualitativen abgesehen, aus unserer speziellen diagnostischen Methodik: Da dieses Verfahren das Wachstum des A. israelii und seiner Begleitbakterien durch Mikroskopie der Fortner-Kulturen von der Rückseite der Platte her — was allerdings mundgeblasene Petrischalen voraussetzt — schon in frühesten Stadien auszuwerten gestattet, war von diesem festen Nährmedium zu fordern, daß es

1. durchsichtig ist,

2. Aktinomyzeten und Begleitbakterien vollständig zu erfassen vermag,

3. alle diese Mikroorganismen in ebenso typischer Wuchsform erscheinen läßt wie auf optimalem Ascites- oder Levinthal-Agar.

Nun hatten Howell and Pine erstmalig im Jahre 1955 in Anlehnung wiederum an einen früheren Nährboden von Kline und Barker ein bis auf den Zusatz von Stärke völlig synthetisches Medium zur Kultivierung von Aktinomyzeten angegeben, das im Ganzen 51 (!) verschiedene Substanzen enthielt — neben Mineralsalzen vorwiegend Aminosäuren und Vitamine, ferner Purine und Pyrimidine sowie Dextrose. Abgesehen davon, daß dieses Medium von den Autoren nur flüssig und ausschließlich in der Fortzüchtung der Aktinomyzeten erprobt worden war, erschien es in dieser Zusammensetzung für unsere Zwecke zu kompliziert.

Trotzdem gaben diese ersten Einblicke in die Wuchsstoffbedürfnisse der Aktinomyzeten wertvolle Hinweise. Darauf aufbauend gelang es uns, in umfangreichen Vorversuchen einen festen diagnostischen Nährboden zu erarbeiten, der nach den Ergebnissen orientierender Prüfungen mit Reinkulturen von Aktinomyzeten und verschiedenen Begleitbakterien, ebenso wie mit Eiterproben gesicherter positiver Fälle, alle obengenannten Anforderungen zu erfüllen schien. Seine Zusammensetzung, Herstellung und die Ergebnisse einer mehrjährigen Erprobung in der Routine-Diagnostik der Aktinomykose werden in Tabelle 1 auf S. 18 mitgeteilt.

Prüfung des standardisierten Nährmediums in der Routine-Diagnostik. Das oben beschriebene Nährmedium wurde seit 1959 in unserem Institut parallel zu einem 30%igen Ascites-Agar — von beiden Medien jeweils 2 Platten pro Fall — in einem für die relative Seltenheit der Aktinomykose recht beträchtlichen Umfange erprobt.

Bei dem Ascites wurden nur ausgesuchte Chargen verwendet, deren Eignung durch vorherige Austestung mit positiven Proben ermittelt worden war. Ferner wurde größter Wert auf eine gleichbleibende Technik bei Verimpfung des Untersuchungsmaterials gelegt. Da dies in unserem Falle von ganz besonderer Bedeutung und nicht ohne Problematik ist, sei hier noch kurz darauf eingegangen.

Da der A. israelii auf Grund seiner Neigung in Verzweigungen zu wachsen, auch im Eiter bzw. Gewebe des Krankheitsprozesses meist mehr oder weniger dichte Geflechte bis „Kolonien" sog. Drusen bildet, ist er dort, im Gegensatz zu den anderen bakteriellen Infektionserregern oft nesterartig und somit recht unregelmäßig verteilt. Daraus folgert nicht selten eine ebenso ungleiche Verteilung auf den Primärkulturen, was wiederum sehr leicht das Ergebnis eines Nährbodenvergleichs bei einer nicht extrem hohen Gesamtzahl von Befunden beeinflussen, ja sogar verfälschen kann.

Aus diesem Grunde blieb auf Tupfern eingesandtes Material von vornherein außer Betracht. Lagen A.-Drusen vor, so wurde besonders sorgfältig auf gleichmäßige Verteilung auf die einzelnen Nährböden geachtet.

Desgleichen hat auch das Anlegen aller diagnostischen Kulturen während der ganzen Zeit des Vergleichs bis auf wenige kurzfristige Unterbrechungen durch Urlaub ausschließlich eine einzige, nämlich unsere langjährig in der Aktinomykose-Diagnostik geschulte med.-techn. Assistentin besorgt.

Den folgenden Ergebnissen liegt die Untersuchung von insgesamt 411 Proben aus gesicherten Aktinomykosen in 4 Jahren zugrunde; ausgewertet wurden aus den oben gezeichneten Gründen aber nur eindeutige, *nicht* zufällig erscheinende Befunde, isolierte bzw. vereinzelte A.-Kolonien auf nur einer Kultur fanden keine Berücksichtigung.

Tabelle 1. *Standardisiertes Nährmedium zur Aktinomykose-Diagnostik*

Zusammensetzung:

1. Mineralsalze und Spurenelemente (Fe Mn Mg Ca Na Cu Co B K Zn)
2. Difco-Casiton
3. Aminosäuren (Cystein, Asparagin, Tryptophan)
4. Difco-Hefeextrakt
5. Vitamine (10)
6. Kartoffelstärke DAB 6
7. Federkielagar
8. Aqua destillata

Herstellung:

A. *Mineralien-Stammlösung* (monatelang haltbar)
In 1 Liter Aqua dest. werden gelöst:

Magnesiumsulfat . . . . 20,0 g	Zinksulfat . . . . 4,0 mg
Calciumchlorid . . . . . 2,0 g	Kupfersulfat . . . . 0,4 mg
Ferrosulfat . . . . 400,0 mg	Kobaltchlorid . . . . . . 0,4 mg
Manganosulfat . . . . . 15,0 mg	Borsäure . . . . 20,0 mg
Natriummolybdat . . . 15,0 mg	Kaliumjodid . . . . 10,0 mg

Lösung mit 10 ml 10%iger HCl ansäuern.

B. *Vitaminlösung* (jeweils frisch bereiten!)
In 100 ml Aqua dest. werden gelöst:

Thiamin-HCl . . . . . . 20,0 mg	p-Aminobenzoesäure . . . 20,0 mg
Pyridoxin . . . . 20,0 mg	Inosit . . . . 20,0 mg
Biotin . . . . 1,0 mg	Nikotinsäureamid . . . . . 10,0 mg
Folsäure . . . . 5,0 mg	Nikotinsäure . . . . 10,0 mg
Vitamin B_{12}-Lösung . . . 1,0 ml	Calciumpantothenat . . . . 20,0 mg
(1 mg/100 ml Aqua dest.)	

C. *Vitamin-Aminosäuregemisch* (*nicht* haltbar, stets frisch herstellen)
In 100 ml Aqua dest. bei 37 °C unter kräftigem Umschütteln lösen und anschließend durch Seitzfilter filtrieren:

Difco-Casiton	12,0 g
Difco-Hefeextrakt	12,0 g
l-Cystein-Hydrochlorid	500,0 mg
l-Asparagin	30,0 mg
dl-Tryptophan	20,0 mg
Vitaminlösung B (s. oben)	12,0 ml

D. *Agaransatz:*
4,0 g Monokaliumphosphat (KH_2PO_4) in 250 ml Aqua dest. lösen, mit NaOH auf p_H 7,6 einstellen, dazu 10 ml der obenstehenden Mineralien-Stammlösung, 500 mg in 70 ml kochendem Wasser gelöste Kartoffelstärke DAB 6 und ca. 40 g gewässerten Federkielagar geben und mit Aqua dest. auf 900 ml auffüllen. Sterilisieren im Autoklav. Zu dem auf ca. 50 °C abgekühlten Agaransatz wird die obige Vitamin-Aminosäure-mischung *steril* hinzugegeben, der fertige Nährboden auf p_H 7,3 eingestellt und in Petrischalen ausgegossen.

Tabelle 2. *Vergleich Stand. Nährmedium/Ascites-Agar in der Routine-Diagnostik*

Aktinomyces-Primärkulturen (aus Eiterproben)	Zahl der Proben	Diagnose *allein* auf Standard. Nährmed.	Ascites-Agar	Aktinomyces-Nachweis schneller und/oder reichlicher auf Stand. Nährmed.	Ascites-Agar
mit Drusen	237	20	1	62	2
ohne Drusen	174	24	3	24	5
insgesamt	411	44	4	86	7

Wie aus Tabelle 2 hervorgeht, ist das Ergebnis in den Fällen, in denen die Diagnose nur von *einem* Nährboden — Standard-Nährmedium oder Ascites-Agar — ermöglicht wurde, recht eindeutig: 44 mal ergab der Standard-Nährboden die Diagnose, nur vier mal hingegen der Ascites-Agar. Bezogen auf die Gesamtzahl von 411 Proben bedeutet dies auch, daß von 100 Fällen ohne Einsatz der Ascitesplatte nur einer nicht diagnostiziert worden wäre, ohne stand. Nährmedium aber immerhin 10; oder umgekehrt, daß das Standard-Nährmedium nur in einem Falle versagt hätte, der Ascites-Agar dagegen in 10 Fällen.

Betrachtet man nun die Fälle, in denen der A. israelii zwar auf beiden Nährböden nachzuweisen war, dabei aber jeweils auffallende Wachstumsunterschiede bestanden, so ist auch hier das Standard-Nährmedium im Vorteil. In einer beträchtlichen Anzahl erwies es sich dem Ascites-Agar qualitativ bzw. quantitativ überlegen, indem der A. israelii jeweils früher und/oder in reichlicherer Menge nachgewiesen werden konnte.

Auch die Auswertung hinsichtlich des Wachstums der verschiedenen Begleitbakterien ergab eine — wenn auch im Vergleich zum A. israelii geringere — Überlegenheit unseres Standard-Nährbodens.

Nach den Ergebnissen einer vierjährigen praktischen Erprobung darf somit zusammenfassend festgestellt werden, daß der beschriebene standardisierte Nährboden zur primären Anzüchtung des A. israelii ebenso wie seiner Begleitbakterien gut geeignet ist und im Vergleich zu biologischen Substraten (Ascites-Agar) eine größere Zuverlässigkeit der mikrobiologischen Aktinomykose-Diagnostik gewährleistet.

Literatur

ERIKSEN, D.: Pathogenic Anaerobic Organisms of the Actinomyces Group. Spec. Rep. Ser. med. Res. Coun, London **240** (1940).

ERIKSEN, D., and J. W. PORTEOUS: The Cultivation of Actinomyces israelii in a Progressively Less Complex Medium J. gen. Microbiolog. **8**, 464—474 (1953).

HOLM, P.: The Influence of Carbon-Dioxide on the Growth of Actinobacillus Actinomycetemcomitans (Klinger 1912). Acta Path. et Microbiol. Scand. **34**, 235—248 (1954).

HOWELL, A., and L. PINE: Studies on the Growth of Species of Actinomyces. I. Cultivation in a synthetic medium with starch. Journ. of Bact. **71**, 47—53 (1956).

KLINE, L., and H. A. BARKER: A New Growth Factor Required by Butyribact. rettgeri. Journ. of Bact. **60**, 349—363 (1950).

LENTZE, F. A.: Zur Bakteriologie und Vakzinetherapie der Aktinomykose. Zbl. f. Bakteriologie **141**, I. Originale 21–36 (1938).

ROSEBURY, T., J. EPPS and A. R. CLARK: A Study of the Isolation, Cultivation and Pathogenicity of Actinomyces Israeli Recovered from the Human Mouth and from Actinomycosis in man. The Journal of Infections Diseases **74**, 131–149 (1944).

THOMPSON, L.: Isolation and Comparison of Actinomyces from Human and Bovin Infections. Proceedings of the Staff. Meet. of the Mayo-Clinic **25**, 81 (1950).

Priv. Doz. Dr. S. HEINRICH
Dr. H. KORTH
Hygienisches Institut der Universität
5 Köln

Aus dem Max v. Pettenkofer-Institut
für Hygiene und Medizinische Mikrobiologie der Universität München
(Vorstand: Prof. Dr. Dr. H. E. EYER)

Bakteriologische Befunde bei Aktinomykose des Kieferbereichs

Gegenüberstellung zu Keimbefunden bei Eiterungen dieser Region

G. LINZENMEIER

Die Bedeutung der Begleitflora von *A. israelii* bei Aktinomykose ist durch die Arbeiten von LENTZE (*9*) und seiner Schule (*2, 5, 6, 7*) sowie von Per HOLM (*8*) herausgestellt worden. Oft wird sie „allein" ohne *A. israelii* nachgewiesen, wobei offen bleibt, ob dies auf Schwierigkeiten in der Anzüchtung von *A. israelii* beruht oder ob klinisch der Aktinomykose zuordnende Bilder auch ohne *A. israelii* (BEERENS [*3*]) allein durch die Keime der Begleitflora verursacht sein können (sog. Aktinomykose-Syndrom).

Dies soll jetzt nur angedeutet werden ebenso wie die Rolle des A. actinomycetem comitans, der nach LENTZE zur Stützung der bakteriologischen Diagnose einer Aktinomykose dient.

Da angenommen wird, daß Weichteilentzündungen im Kiefer-Gesichtsbereich, wie etwa submuköse, perimandibuläre oder subkutane Abszesse Ausgangspunkte für eine Aktinomykose sein können (*11*), daher im Falle des Rezidivs oder der Chronizität unbedingt bakteriologisch untersucht werden müssen (*1*), schien es uns interessant zu sein, die bakteriologischen Befunde bei Aktinomykose jenen bei Eiterungen im gleichen Bereich gegenüberzustellen, da auch hier Mischinfektionen mit anaeroben Keimen eine bedeutende Rolle spielen.

Material und Methodik: Das an der Univ. Klinik für Zahn-, Mund- und Kieferkrankheiten München*) beobachtete Patientengut ist nach der klinischen Diagnose, die den Vorrang hat *(11)*, geordnet worden. 14 Fälle von Aktinomykose wurden 1958—60 beobachtet *(4)*, die Eiterungen in den ersten neun Monaten 1964 bei gleicher bakteriologischer Untersuchungstechnik.

Aerob: Züchtung auf Blut- und Endomedien; anaerob: im Fortnerverfahren auf Blutplatten mit Auflage von Polymyxinblättchen mit 50 mcg Gehalt *(10b)* auf Grund der Unempfindlichkeit von A. israelii gegen dieses Antibioticum *(5)*. Trotz des kleinen Hemmhofes um Polymyxin B ließ sich einige Male ein Aktinomyces nur aus dem Hemmhof züchten. Flüssige Anreicherung in Thioglykolat- und modifiz. Tarozzibouillon *(10a)*, Subkultur auf Blutmedien im Fortnerverfahren. Ablesung nach 8—12 Tagen Bebrütung bei 37 °C.

Ergebnisse. Aus der Gegenüberstellung der Befunde in den Tab. 1—4 ist zu ersehen, daß viele Keimarten bei Aktinomykose wie bei „Eiterungen" im Kieferbereich angetroffen werden.

Tabelle 1. *Gegenüberstellung der aeroben und anaeroben Befunde bei Aktinomykose und aus Eiterproben des Kieferbereichs*

Klinische Diagnose	Zahl der Fälle	Drusen	mikrosk. Aktinom.	aerob — anaerob —	+ —	+ +	— +
I. 1. Aktinomykose	9	5	3	—	—	5	4
2. Verdacht auf Ak., perimandib. Abscess (mit „Infiltration")	5	4	3	—	—	1	4
zusammen	14	9	6	—	—	6	8
II. 1. „Eiter", meist perimandib. Absc.	26	—	2	1	7	8	10
2. Osteomyelitis chron.	7	—	1	—	3	3	1
3. Bruchspaltostitis	4	—	1	1	—	3	—
zusammen	37	—	4	2	10	14	11

Tabelle 2. *Mono- und Mischkulturen bei Aktinomykose und Eiterungen im Kieferbereich*

Klinische Diagnose	Gesamtzahl der Fälle	der Keime	aerobe Keime	anaerobe Keime
I. Aktinomykose und Ak.-Verdacht	14	44	5	39
II. Eiterungen	37	91	27	64

Monokulturen bei I. —

  II. 8 (7 aerob)

*) Für die Überlassung der Krankengeschichten sei Herrn Prof. Dr. Dr. J. Heiss gedankt.

Tabelle 3. *Aerobe Keime bei Aktinomykose und Eiterungen im Kieferbereich*

Klinische Diagnose	Staph. aureus	Staph. albus	Enterokokken	α-Streptokokken	β-Streptokokken	γ-Streptokokken	Klebsiella	Proteus	Pyocyaneus	Streptomyces sp.	aerobe Keimarten zusammen
I. Aktinomykose und Verdacht	4	—	—	1	—	—	—	—	—	—	5
II. 1. Eiter aus Abscessen	10	1	—	4	—	—	1	—	1	1	18
2. & 3. Osteom., Ostitis	4	—	1	1	1	1	—	1	—	—	9

Tabelle 4. *Anaerobe Keime bei Aktinomykose und Eiterungen im Kieferbereich*

Klinische Diagnose	Actinomyces	Leptotrichia	Corynebakterien***	Kokken	Streptokokken	Bacteroides	Bact. melaninogenicus	Fusiformis	Veillonella	foet. anaerobe Mischflora	Keimarten zusammen
I. Aktinomykose u. Verdacht	6*	—	5	2	1	12	6	7	—	—	39
II. 1. Eiter aus Absc.	2**	1	7	5	7	9	11	6	1	2	51
2. & 3. Osteom., Ostitis	1**	—	1	2	—	4	3	1	—	1	13

* A. israelii,   ** A. species,   *** meist C. acnes.

Bei *Aktinomykose* sind keineswegs regelmäßig Drusen zu finden (Tab. 1); die in 6 Fällen kulturell gezüchteten Aktinomyzeten waren A. israelii nach der Wuchsform*). Die Corynebakterien ließen sich serologisch meist als C. acnes differenzieren. Im Mittel wurden 3 Keimarten je Fall, meist Anaerobier nachgewiesen; aerobe Keime wurden nur im Verein mit anaeroben gefunden.

Bei Eiterungen im Kieferbereich stellen die rein aeroben Befunde ein gutes Viertel (Tab. 3), zusammen mit Anaerobiern weitere $^2/_5$ aller Fälle (Tab. 4). Drusen fehlen ganz; mikroskopisch sah man in einigen Fällen an Aktinomyzeten erinnernde Befunde, die sich kulturell nie als A. israelii, wohl als andere Aktinomyzeten in wenigen Fällen erwiesen. Abgesehen von den meist in Monokulturen auftretenden Aerobiern handelt es sich bei den Mischkulturen meist um drei Keimarten (Tab. 2), einmal Streptomyces sp.**) zusammen mit Bacteroides sp.

Im Einzelfall läßt sich bei einem Befund von Fusiformis, Bacteroides und anaeroben Kokken oder Corynebakterien, der sowohl bei einer Aktinomykose wie einer Eiterung beobachtet werden kann, ohne Kenntnis des

*) Für Kontrolle und Bestätigung der eingesandten Stämme sei Herrn Prof. Lentze herzlich gedankt.

**) Für die Bestätigung sei Herrn Prof. Seeliger gedankt.

klinischen Bildes kein Anhaltspunkt für Vorliegen einer Aktinomykose geben. Hier geht es um die Frage, ob A. actinomycetem comitans, der bei uns als Bacteroides läuft, bei nicht aktinomykotischen Prozessen sicher nicht vorkommt.

Ergänzend zu den bakteriologischen Befunden werden Alter und Geschlecht der Patienten in beiden Gruppen gegenübergestellt. Das männliche Geschlecht wird in 12 von 14 Aktinomykose-Fällen eindeutig bevorzugt, ebenso die Altersgruppen von 20—35 Jahren. Bei den Eiterungen ist dies zwar auch, aber nicht so deutlich der Fall. Kinder und Jugendliche hatten meist aerobe Keime in ihren Eiterungen. Nur ein Fall von Aktinomykose*) bei einem zweieinhalbjährigen Mädchen konnte letzthin gemeinsam mit SCHLEGEL von der Univ.-Zahnklinik beobachtet werden.

Zusammenfassung

Die Bakterienflora, insbesondere der anaeroben Keime, wird bei 14 Fällen von Aktinomykose im Cervico-Facialbereich, jener bei 37 Fällen von „Eiterungen" der gleichen Region gegenübergestellt. Für die Beurteilung durch den Bakteriologen ergeben sich gewisse Schwierigkeiten insofern, als sich auch bei klinisch nicht auf Aktinomykose verdächtigen Eiterungen die gleiche anaerobe Mischflora findet wie bei Aktinomykose, ohne daß A. israelii in *jedem* Fall von Aktinomykose isoliert werden konnte. Die „anaerobe Mischflora" von Eiterungen und von Aktinomykose des Cervico-facialbereichs besteht meist aus anaeroben Kokken und Corynebakterien (meist C. acnes), Bacterioides spec. und Bacterioides melaninogenicus sowie Fusiformis.

Literatur

1. AXHAUSEN, G.: Allg. Chirurgie in der Zahn-, Mund- und Kieferheilkunde. 4. Aufl., München 1949.
2. BREDE, H. D.: Zur Aetiologie und Mikrobiologie der Aktinomykose I. Zbl. Bakt. I Orig. **174** (1959), 110—122.
3. DECHAUME, M., G. CARLIER, M. GOUDAERT et H. BEERENS: L'actinomycose cervico-faciale. Maladie et syndrome. Rev. Stomatol. **56** (1955), 1—33.
4. FRASCH, K.: Die Aktinomykose an der Klinik für Zahn-, Mund- und Kieferkrankheiten der Universität München in den Jahren 1957 bis 1961. Inaug. Diss. München 1963.
5. HANF, U.: Untersuchungen über die in vitro-Empfindlichkeit des A. israelii gegen Erythromycin, Magnamycin, Polymyxin B, Bacitracin, Neomycin, Tyrothricin, Xanthocillin und Suprathricin. Z. Hyg. **143** (1956), 127—133.
6. HEINRICH, S.: Zur Aetiologie und Mikrobiologie der Aktinomykose IV. Zbl. Bakt. I Orig. **177** (1960), 255—263.

---

*) Für Kontrolle und Bestätigung der eingesandten Stämme sei Herrn Prof. LENTZE herzlich gedankt.

7. Heinrich, S., und G. Pulverer: Zur Ätiologie und Mikrobiologie der Aktinomykose II. & III. Zbl. Bakt. I Orig. **174** (1959), 123–136; **176** (1959), 91–101.

8. Holm, Per: The influence of carbon-dioxide on the growth of Actinobacillus actinomycetemcomitans (Klinger 1912), Act. path. microbiol. scand. **34** (1954), 235–248.

9. Lentze, F.: a) Zur Aetiologie und mikrobiologischen Diagnostik der Aktinomykose. Atti del VI. Congresso Intern. Microbiol. **5** (1953), 145–148.

b) Zur Frage einer komplexen Aetiologie der Aktinomykose und ihrer Bedeutung für die Therapie. Ärztl. Forsch. **12** (1958), I/205–208.

10. Linzenmeier, G.: a) Eine einfache Modifikation des Anaerobenmediums nach Tarozzi. Zbl. Bakt. I Orig. **170** (1958), 192–194.

b) Chemotherapeutika und Antibiotika zur selektiven Züchtung von Keimen im Hemmhofverfahren. Med. Labor **17** (1964), 239–244.

11. Portwich, G., u. D. Schlegel: Die cervico-faciale Aktinomykose. Med. Mschr. **14** (1960), 726–731 u. 794–797.

Prof. Dr. med. Götz Linzenmeier,
Max v. Pettenkofer-Institut für Hygiene
und Mediz. Mikrobiologie der Univ.,
8 München 15, Pettenkoferstr. 9a

Aus der Univ.-Augenklinik Hamburg
(Direktor: Prof. Dr. H. Sautter)

Aktinomykotische Erkrankungen am Auge

D. H. Hoffmann
Mit 2 Abbildungen

Strahlenpilze sind als Krankheitserreger am Auge gar nicht selten, wenn man darauf achtet. Bevorzugt befallen sie die Tränenröhrchen und führen dort zu Verstopfungen mit konsekutivem Tränenfluß und hartnäckiger Conjunctivitis. Neben dieser Hauptlokalisation kommen — wenn auch wesentlich seltener — aktinomykotische Prozesse an allen Abschnitten des Auges vor.

Das klinische Bild der aktinomykotischen Dacryocanaliculitis (Abb. 1) wurde 1854 von Albrecht v. Graefe erstmalig ausführlich beschrieben. Durch eine Blockierung im tränenableitenden Apparat füllt sich die Lidspalte mit Tränen, die über die Wange ablaufen. Die Gegend um das Röhrchen erscheint mehr oder weniger angeschwollen. Das Tränenpünktchen klafft, mitunter tritt eine gelbliche Vorwölbung aus dem Punctum lacrimale hervor. Gleichzeitig besteht eine Reizconjunctivitis auf dem betroffenen Auge. Erkranken können der untere oder der obere Canaliculus, mitunter beide zusammen. Drückt man auf den Tränenkanal oder massiert nach einer kleinen Incision mit dem Glasstab in Richtung des Tränenpünktchens, kommen meistens mehrere Konkremente zutage; sie haben je

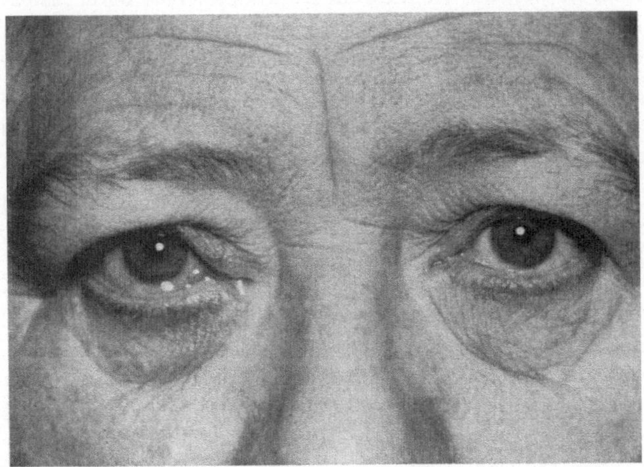

Abb. 1. Aktinomykotische Dacryocanaliculitis des rechten oberen Tränenröhrchens. Das Lid ist nasal oben angeschwollen, die Lidspalte mit Tränen gefüllt

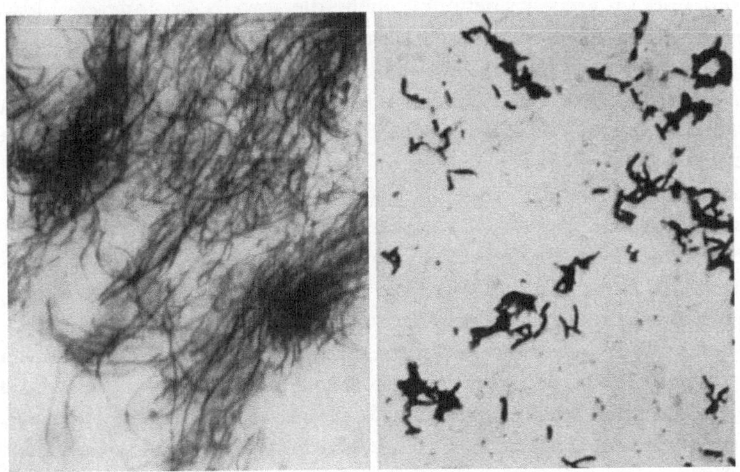

Abb. 2. a) Gram-Direktpräparat aus einem Tränenwegskonkrement. Multiple Gram-positive, in Knäueln liegende Fäden. Vergr. 340fach
b) Grampräparat aus der 14 Tage alten anaeroben Kultur. Corynebakterium-ähnliche Teilungsformen. Vergr. 1120fach

nach ihrem Alter eine gelbliche oder grüne Farbe. Werden sie zerquetscht und nach Gram gefärbt, so ergibt die mikroskopische Untersuchung eines derartigen Direktpräparates (Abb. 2a) viele Gram-positive Filamente, die teilweise in Drusen oder Knäueln zusammenliegen und kolbige Auftreibungen an den Enden aufweisen. In der Leberbouillon-Kultur werden unter anaeroben Bedingungen nach mehreren Tagen die Fäden feiner und lassen teilweise schon eine beginnende Fragmentierung erkennen. Nach weiteren 14 Tagen haben sich die Keime sehr verändert: Das Mycel ist zu diphtheroiden Stäbchen zerfallen (Abb. 2 b). Die anaerobe Makrokultur auf Traubenzucker-Blutagarplatten zeigt gelblichweiße, knorpelige Kolonien, die fest im Nährboden sitzen und die typischen Löcher hinterlassen, wenn sie mit der Platinöse abgeimpft werden. Auf den Leberstückchen der Tarozzi-Bouillon bilden sich Flocken und Körnchen.

Der Erreger der aktinomykotischen Dacryocanaliculitis ist zweifelsohne der anaerobe Aktinomyces israeli. Schlägt man aber ein Hand- oder Lehrbuch der Augenheilkunde auf, so ist dort zu lesen, daß ein Pilz namens „Streptothrix" oder „Leptothrix" zu Konkrementen in den Tränenröhrchen führe. Gelegentlich kommen auch die Namen „Actinomyces-ähnliche Streptotricheen" oder „Streptothrix-Actinomyces" zur Verwendung. Die Bezeichnung Streptothrix hat sich in der Ophthalmologie eigenartigerweise bis heute gehalten, obwohl schon um die Jahrhundertwende von augenärztlicher Seite wiederholt darauf hingewiesen wurde, daß die isolierten Keime mit A. israeli identisch sind (vgl. Axenfeld).

Die Absiedlung eines obligaten Anaerobiers findet ihre Erklärung in den besonderen anatomischen Gegebenheiten der Tränenröhrchen. Vom oberen und unteren Tränenpünktchen, die jeweils im inneren Lidwinkel gelagert sind, ziehen die Canaliculi nasalwärts und treffen sich im oberen Tränensack, dessen Fortsetzung in den unteren Nasengang einmündet. Die Keime werden beim Niesen oder Schneuzen aus der Mundhöhle über den Nasenrachenraum in die Tränenwege gepreßt (Pine, Hardin, Turner und Roberts). In den Röhrchen treffen sie auf ein günstiges Milieu, da die ständige Zufuhr von Tränenflüssigkeit sie von der Luft abschließt. Hier können sich die typischen Kolonien entwickeln. Es entstehen richtige Taschenbildungen, in denen die Konkremente liegen. Erstaunlicherweise brechen die Erreger so gut wie nie in das umgebende Gewebe ein. Wir haben somit immer noch einen Saprophytismus vor uns.

Wenn alle Konkremente entfernt sind, verschwinden die Beschwerden. Der Eingriff am Canaliculus muß so schonend wie möglich durchgeführt werden, um seine Funktion nicht zu beeinträchtigen. Die Zufuhr von Antibiotika allein, die ja an sich sehr leicht durch lokale Applikation an den Ort der Wirkung zu bringen sind, genügt nicht.

Aerobe Strahlenpilze wurden in Form der Nocardia asteroides bisher nur zweimal in Tränenkanälchen gefunden, zuletzt von Penikett und Rees. Andere Pilze, wie z. B. Candida albicans oder Aspergillusarten, sind auch eher bei Erkrankungen des Tränen*sackes* anzutreffen.

Die *Aktinomykose des Tränensackes* bietet im Vergleich zum Befall der Tränenröhrchen ein völlig anderes Krankheitsbild. Die Konkremente in den Röhrchen machen zwar Beschwerden, an sich ist die Angelegenheit aber harmlos. Die Tränensack-Aktinomykose geht meistens von einer schweren zerviko-fazialen Aktinomykose aus und zeigt die typischen Fisteln.

Die *aktinomykotische Dacryocanaliculitis* ist die wichtigste Strahlenpilzerkrankung am Auge. Sie ist häufiger als man allgemein annimmt und um so mehr von klinischer Bedeutung, als sie oft nicht gekannt oder erkannt wird. Die Betroffenen leiden dann jahrelang unter dem äußerst lästigen Jucken im inneren Lidwinkel, der Conjunctivitis und dem tränenden Auge. Sie wechseln häufig den Augenarzt, da alle verordneten Tropfen nicht helfen wollen, bis schließlich die Diagnose gestellt wird. In der Hamburger Augen-Poliklinik haben wir 1962 insgesamt 7 Fälle gezählt. In der durchschnittlichen Augenarztpraxis dürfte die Möglichkeit bestehen, die Erkrankung ein- bis zweimal im Jahr zu diagnostizieren.

Im folgenden sollen kurz noch die anderen aktinomykotischen Lokalisationen im Bereich des Auges aufgeführt werden.

Die *Lider* können im Rahmen einer zervikofazialen Aktinomykose ergriffen werden. Das gleiche gilt für die *Orbita*. Nach einem anfänglichen Exophthalmus sinkt das Auge später zu einem Enophthalmus zurück, wenn die typischen Fisteln ihren Inhalt entleeren. Bei einer streuenden Lungen-Nocardiose kann die Augenhöhle auf metastatischem Wege beteiligt werden (FRANCOIS, HOFFMANN, VERRIEST und CONDAELE).

Die *Bindehaut* wird gelegentlich primär — meist nach Verletzungen — in Form kleiner, gelber Herdchen befallen (WALSCHE u. a.). Auch die *Cornea* kann erkranken. Typisch sind scheibenförmige Infiltrate (GINGRICH und PINKERTON), aus denen sich die Erreger züchten lassen. Nach antibiotischer Behandlung bleiben feine Narben zurück.

Schließlich ist noch zu erwähnen, daß anaerobe und aerobe Strahlenpilze auch *im Augeninneren* vorkommen. Bekannt geworden sind bisher 6 derartige Infektionen; man hat sie nach bulbuseröffnenden Operationen (FUCHS u. a.) oder penetrierenden Augenverletzungen, aber z. B. auch bei aktinomykotischen Lungenprozessen beobachtet (L. MÜLLER). Die Keime können

Tabelle. *Aktinomykotische Erkrankungen am Auge*

Lokalisation am Auge	Auftreten	Literatur-Stellen	Bemerkungen
Tränenröhrchen	rel. *häufig*	> 150	Fast ausschl. Actinomyces israelii (anaerobe Bedingungen!)
Tränensack	sehr selten	4	Meistens in Zusammenhang mit zerviko-fazialer Actinomykose
Lider		15	
Orbita		20	
Bindehaut	selten	20	Neben Actinomyces israelii gelegentlich auch Nocardia asteroides
Hornhaut		15	
Intraokular exogen	sehr selten	3	
Intraokular endogen		3	

3*

also sowohl exogen als auch endogen, d. h. auf dem Blutwege, in das Auge gelangen. Beim Kaninchen führt die Injektion von Nocardia asteroides in die vordere Augenkammer zu Mikroabszessen in Aderhaut und Netzhaut (McCarthy, Kennedy und Hazard).

Die Tabelle auf Seite 27 zeigt in einer kleinen Synopsis das Vorkommen von Strahlenpilzen am Auge und die Häufigkeit der einzelnen Lokalisationen.

Zusammenfassung

Die aktinomykotische Dacryocanaliculitis ist die wichtigste Strahlenpilz-Erkrankung am Auge. Aber auch in allen anderen Abschnitten des Auges können Aktinomyzeten und verwandte Erreger Krankheiten hervorrufen.

Literatur

Axenfeld, Th.: Die Bakteriologie in der Augenheilkunde, pp. 257–269 (Fischer, Jena 1907).

Francois, J., G. Hoffmann, G. Verriest et N. Condaele: Nocardiose à localisation pulmonaire, intracranienne et orbitaire. Acta ophth., Kbh. 35, 468 (1957).

Fuchs, E.: Ein Fall intraokulärer Aktinomykose. Albrecht v. Graefes Arch. Ophthal. 101, 24 (1920).

Gingrich, W. D., and M. E. Pinkerton: Anaerobic actinomycosis bovis corneal ulcer. Arch. Ophthal. (Chicago) 67, 549 (1962).

Graefe, A. von: Konkretionen im unteren Tränenröhrchen durch Pilzbildung. Albrecht v. Graefes Arch. Ophthal. 1 (I), 284 (1854).

Harley, R. D., and E. S. Wedding: Syndrome of uveitis, meningo-encephalitis, alopecia, poliosis and dysacousia: Report of a case due to Actinomyces. Amer. J. Ophthal. 29, 524 (1946).

Hoffmann, D. H.: Ein Beitrag zur Aktinomykose der Tränenröhrchen. Klin. Mbl. Augenheilk. 140, 834 (1962).

Ders.: Pilzinfektionen des Auges. Systematik, Klinik, Erkennung und Behandlung. Fortschr. Augenheilk. Bd. 16, Karger, Basel/New York 1965. (Abschnitt Aktinomykose und Nocardiose; dort ausführliche Literatur zum Thema.)

McCarthy, J. L., R. J. Kennedy and J. B. Hazard: Experimental ocular infection with Nocardia asteroides in the normal rabbit. Arch. Ophthal. (Chicago) 62, 425 (1959).

Müller, L.: Über Veränderungen im Augenhintergrunde bei miliarer Aktinomykose. Klin. Mbl. Augenheilk. 41 (I), 236 (1903).

Penikett. E. J. K., and D. L. Rees: Nocardia asteroides infection of the nasal lacrimal system. Amer. J. Ophthal. 53, 1006 (1962).

Pine, L., H. Hardin, L. Turner and S. S. Roberts: Actinomycotic lacrimal canaliculitis. A report of two cases with a review of the characteristics which identify the causal organism, Actinomyces Israelii. Amer. J. Ophthal. 49, 1278 (1960).

Walsche, L. de: Un cas d'actinomycose rare et bilatérale de la conjonctive bulbaire. Bull. Soc. belge opht. 72, 81 (1936).

Priv. Doz. Dr. D. H. Hoffmann
Oberarzt der Univ.-Augenklinik Hamburg
2 Hamburg 20, Martinistraße 52

Aus dem Hygienischen Institut der Universität Köln
(Direktor: Prof. Dr. med. F. Lentze)

Zur bakteriziden Wirkung des Penicillins auf den Erreger der Aktinomykose

D. Fritsche

Mit 1 Abbildung

Die Einführung der Antibiotika in die Therapie der Aktinomykose hat die Aussichten auf eine erfolgreiche Behandlung dieses Krankheitsbildes grundlegend verbessert. Aber schon bald mußte der Kliniker erkennen, daß nur dann zufriedenstellende Erfolge erreicht werden können, wenn hohe Dosen über Wochen und Monate verabfolgt werden (*1, 10, 11* u. a.).

Die Substanz, die die ersten Erfolge brachte und trotz der Breitbandantibiotika ihren festen Platz im Therapieschatz der Aktinomykose behaupten konnte, ist das klassische Penicillin G. Trotz des langen Zeitraumes, den man hinsichtlich seiner Anwendung bei Aktinomykosen überblickt, ist aber die Frage, warum bei diesem Krankheitsbild seine ungewöhnlich hohe und lange Dosierung notwendig ist, noch nicht restlos geklärt worden.

Einmal kann man dafür ohne Zweifel das pathologisch-anatomische Substrat dieser chronisch-infiltrierenden, zu Abszeßbildung neigenden Entzündungen verantwortlich machen. Eine zweite, nicht minder wichtige Ursache bildet die von Lentze oben bereits besprochene obligate Begleitflora. Vor allem ist es wohl aber — wie unsere Untersuchungen gezeigt haben — dieser Erreger selbst, der Aktinomyces israelii, der durch sein morphologisches Verhalten im Gewebe die hohen und prolongierten Penicillindosen erforderlich macht.

Die wachstumshemmende Wirkung des Penicillins auf *feinverteilte* Strahlenpilzsuspensionen ist ausgezeichnet und hinreichend belegt; wir haben die Untersuchungsergebnisse einiger Autoren in Tabelle 1 zusammengestellt.

Tabelle 1. *Die in vitro-Empfindlichkeit des Actinomyces israelii gegen Penicillin G*

Autor	Anzahl der geprüften Stämme	Wachstumshemmung in I.E./ml
Boand und Novak (*3*)	4	0,05 —0,5
Blake (*2*)	5	0,015
Littman und Mitarbeiter (*9*)	6	0,05 —0,1
Hanf, Heinrich, Legler (*5*) . . .	9	0,025—0,1
Garrod (*4*)	12	0,03 —0,25
Holm (*6*)	31	0,016—0,08
Fritsche	66	0,01 —0,25

In der untersten Zeile der Tabelle sind eigene Untersuchungen aufgeführt: Ein Untersuchungsgut von 66 A. israelii-Stämmen aus Eitermaterial von Aktinomykosen des Menschen, überprüft im Platten-Reihen-Verdünnungstest mit einer in unserem Laboratorium entwickelten Technik (siehe hierzu Hanf, Heinrich, Legler (*5*), die bereits nach 48 (!) Stunden ein Ablesen der Hemmwerte durch direkte Agar-Mikroskopie erlaubt. Keiner der aufgeführten Untersucher fand auch nur *einen* Strahlenpilz, der gegen Penicillin nicht hochempfindlich war.

Auch aus dem weiteren Schrifttum sind bei kritischer Wertung gesicherte primär oder sekundär resistente Strahlenpilzstämme vom Typ des A. israelii nicht bekannt.

Eine Empfindlichkeitsabnahme in *begrenztem* Umfang ist möglich und konnte in vitro (*3*) und in vivo (*1, 4*) belegt werden. Sie dürfte aber bei adaequater Dosierung des Penicillins nicht als Grund für das Versagen einer Penicillintherapie oder gar für die generell erforderliche Hochdosierung dieser Substanz verantwortlich gemacht werden: Boand und Novak (*3*) konnten nach 32 Passagen in einem Penicillin-haltigen Nährmedium bei einem Teil ihrer Stämme lediglich eine Toleranz gegenüber 0,2 I.E./ml Penicillin erzielen; in dem von Bates und Cruickshank mitgeteilten Fall nahm die Empfindlichkeit des A. israelii gegen Penicillin von einer anfänglichen Hemmkonzentration von 0,03 I.E./ml im Laufe einer Penicillintherapie mit 100 Mill. Einheiten in 10 Wochen (!) nur auf annähernd den zehnten Teil ab; auch bei zwei von Garrod beschriebenen Fällen stieg die Hemmkonzentration von jeweils 0,03 I.E./ml auf lediglich 0,2 und > 0,5 I.E./ml an.

Nun proliferiert der A. israelii jedoch in dem von ihm und seiner Begleitflora befallenen Gewebe nicht nur in feinverteilter, mycelialer Form, er bildet vielmehr in einem nicht unbedeutenden Prozentsatz der Fälle im Gewebe *dichte Kolonien*, die sog. *Drusen*, in denen er — seine Begleitflora mit einschließend — als dicht verschlungenes Fadenknäuel vorliegt. Holm (*6*) wies bereits 1948 darauf hin, daß in vitro gezüchtete ganze Strahlenpilzkolonien gegen Penicillin bedeutend resistenter sind als feinverteilte Suspensionen dieses Organismus; Blake (*2*) konnte darüber hinaus kürzlich nachweisen, daß derartige Strahlenpilzkolonien teilweise selbst durch sehr hohe Penicillinkonzentrationen innerhalb von 3 Tagen nicht abzutöten sind.

Auch wir haben inzwischen die fehlende bakterizide Wirkung des Penicillins auf ganze Strahlenpilzkolonien nachgewiesen. Wir beobachten derzeit die Einwirkung des Penicillin G auf den A. israelii über das Verhalten der anaeroben Glykolyse im Warburg-Apparat.

Nach Klein (*8*) kann aus dem Verlauf der Glykolysekurve auf das Schicksal einer Population geschlossen werden, da der Anstieg der Glykolyse gleichlaufend mit der Vermehrung geht und eine Verminderung der Keimzahl in der Subkultur gute Übereinstimmung mit einem beobachteten Glykolyseabfall zeigt.

In der Abb. ist die Penicillinwirkung auf die anaerobe Glykolyse eines feinflockig wachsenden A. israelii-Stammes A und eines unter Bildung von kompakten Kolonien unterschiedlichster Größe proliferierenden Stammes B dargestellt. Die angewandten Versuchsbedingungen werden an anderer Stelle ausführlich beschrieben, hier nur die gewonnenen Ergebnisse. Während der feinflockig wachsende Stamm A unter 0,5 I.E./ml Penicillin G eine deutlich eingeschränkte Gasbildung als Ausdruck eines Wachstums-Stillstandes zeigte und seine Glykolyse unter 1 I.E./ml Penicillin G einstellte, konnte an den zusammengeballten Kolonien des Stammes B selbst mit 25 I.E./ml kein bakterizider Effekt ausgelöst werden: die gleichmäßige, aber eingeschränkte CO_2-Entwicklung unter dieser Penicillin-Konzentration weist lediglich auf einen Wachstumsstillstand mit Ruheglykolyse hin.

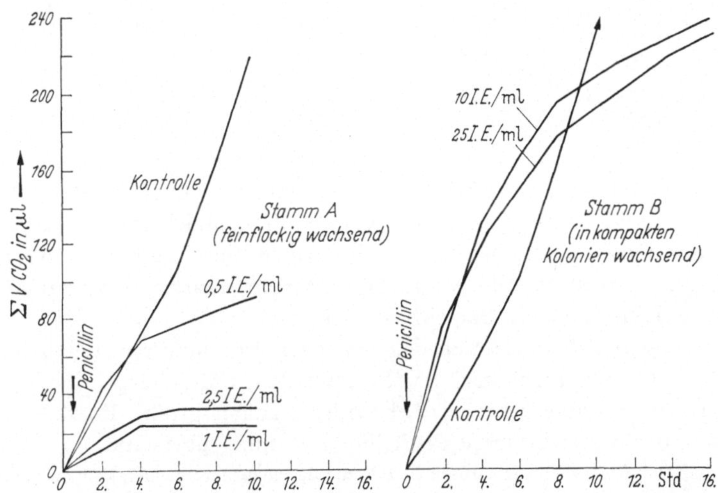

Abb. Die Penicillin-Wirkung auf die anaerobe Glykolyse bei zwei A. israelii-Stämmen

Diese Beobachtungen an in vitro wachsenden, kompakten Kolonien des Strahlenpilzes ließen nun vermuten, daß ähnliches auch für die *Drusen* im aktinomykotischen Entzündungsprozeß gilt. In diesen Drusen lägen, träfe diese Vermutung zu, Zentren des Widerstandes gegen eine bakterizide Penicillinwirkung vor, deren Eliminierung die ungewöhnliche Penicillin-Dosierung erforderlich macht.

Wir überprüften daher die Einwirkung hoher Penicillin-Konzentrationen auf *Drusen* mit folgender Versuchsanordnung:

Aus eingesandten Eiterproben von humanen Aktinomykosen wurden Drusen ausgewaschen und in Röhrchen unter einem Vaseline-Siegel in Nährbouillon bei 37°C bebrütet. Die Nährbouillon enthielt Penicillin G in einer Konzentration von 50 I.E./ml und wurde jeden zweiten Tag ausgewechselt. Rechnet man bei p_H 7,4 mit einem Penicillin-Zerfall von ca. 50% innerhalb von 24 Stunden (7), so kann auf Grund unserer Versuchsanordnung angenommen werden, daß die eingelegten Drusen einer *ständigen* Penicillin-Konzentration von 10—50 I.E./ml ausgesetzt waren. In einem Versuchsansatz wurden die Drusen 2 Tage lang sogar in einer Penicillin-Konzentration von anfangs 1600 I.E./ml bebrütet.

Tabelle 2. *Die Überlebensdauer des Actinomyces israelii in Drusen
in hohen Penicillin G-Konzentrationen*

Fall	Penicillin G-Konzentration	Dauer der Penicillin G-Einwirkung auf die Drusen in Tagen	Strahlenpilzwachstum in Subkultur
1	1600 I. E./ml	2	+
2	50 „	12	Ø
3	50 „	12	+
4	50 „	11	Ø
5	50 „	11	Ø
6	50 „	11	+
7	50 „	7	+
8	50 „	7	Ø
9	50 „	4	+
10	50 „	6	+

Die in Tabelle 2 aufgeführten Untersuchungsergebnisse zeigen, daß der Strahlenpilz in Drusen die Einwirkung hoher, üblicherweise bakterizider Penicillin-Dosen auch über einen mehrtägigen Zeitraum hinweg überstehen kann. Dieses trifft, wie die Versuche weiterhin ergaben, in einem gewissen Umfang auch für seine Begleitbakterien zu.

In einigen Fällen konnten dagegen nach Abschluß der Versuche keine lebenden Drusen mehr nachgewiesen werden, und auch in den positiven Fällen war es immer nur ein mehr oder weniger großer Prozentsatz von Drusen, der die mehrtägige Penicillineinwirkung überstand.

Ob dieses Absterben der Drusen dem Penicillin zuzuschreiben ist, kann anhand dieses kleinen Materials allein nicht bewiesen werden.

Grundsätzlich ist jedoch mit diesen Versuchen die Tatsache bewiesen, daß das Penicillin G auf die Drusen des aktinomykotischen Prozesses, wenn überhaupt, dann auf keinen Fall einen sofortigen bakteriziden Effekt auszulösen vermag.

Als Ursache für das Versagen des Antibioticums darf man annehmen, daß die Strahlenpilze und die von ihnen eingeschlossenen Begleitbakterien im Inneren der Druse in einem absoluten Ruhestadium verharren und somit für das Penicillin unangreifbar sind. Ob darüber hinaus rein mechanische Faktoren das Eindringen des Penicillins ins Innere der Drusen verhindern, bleibt zu untersuchen.

Welche Schlußfolgerungen kann man nun aus unseren Ergebnissen für die Praxis ziehen?

Es kann unterstellt werden, daß unter einer adaequaten Penicillintherapie zwar die mycelial proliferierenden Strahlenpilze gut beeinflußt werden und somit auch die Neubildung von Drusen im entzündlich veränderten Gewebe verhindert wird; bereits vorhandene Drusen werden jedoch nicht sofort vernichtet. Sie lagern im Gewebe und können zum Ausgangspunkt eines Aktinomykose-Rezidivs werden, wenn nicht ein ausreichender Penicillin-Spiegel ihre Reaktivierung so lange unterdrückt, bis auch die letzte Druse entweder abgestorben oder — was noch zu sichern ist — vom Penicillin abgetötet worden ist.

Dieses ist vielleicht die entscheidende Aufgabe einer prolongierten Penicillin-Therapie, und es bliebe die wichtige Frage zu klären, wie lange Drusen unter festgelegten Penicillin-Spiegeln maximal überleben können.

Zusammenfassung

Ausgehend von der Beobachtung, daß kompakte Kolonien des Actinomyces israelii in vitro gegenüber Penicillin G bedeutend resistenter als seine Suspensionen sind und an ihnen kein sofortiger bakterizider Effekt ausgelöst werden kann, wurde das Verhalten hoher, üblicherweise bakterizid wirkender Penicillin-G-Konzentrationen gegenüber *Drusen* aus Eiter humaner Aktinomykosen untersucht: Die in Drusen vorliegenden Strahlenpilze können z. T. im Verein mit ihren Begleitbakterien in vitro über einen mehrtägigen Zeitraum hinweg die Einwirkung hoher Penicillin-Dosen unbeschadet überstehen. Die Bedeutung dieser Befunde für die Praxis wird dargelegt.

Literatur

1. BATES, M., and G. CRUICKSHANK: Thoracic actinomycosis. Thorax **12**, 99 (1957).
2. BLAKE, G. C.: Sensitivities of colonies and suspensions of actinomyces israelii to penicillins, tetracyclins, and erythromycin. Brit. Med. J. **1964** I, 145.
3. BOAND, A., and M. NOVAK: Sensitivity changes of actinomyces bovis to penicillin and streptomycin. J. Bact. **57**, 501 (1949).
4. GARROD, L. P.: Sensitivity of actinomyces israeli to antibiotics. Brit. Med. J. **1952** I, 1263.
5. HANF, U., S. HEINRICH und F. LEGLER: Untersuchungen über die Empfindlichkeit des Erregers der Aktinomykose gegen Antibiotica (Penicillin, Streptomycin, Aureomycin, Chloromycetin, Terramycin) und Methylenblau. Arch. Hyg. Bakt. **137**, 527 (1953).
6. HOLM, Per: Some investigations into the penicillin sensitivity of human-pathogenic actinomycetes and some comments on penicillin treatment of actinomycosis. Acta path. microbiol. Scand. **25**, 376 (1948).
7. KLEIN, P.: Bakteriologische Grundlagen der chemotherapeutischen Laboratoriumspraxis. Berlin-Göttingen-Heidelberg, Springer 1957.
8. KLEIN, P.: Untersuchungen über die Kinetik des Terramyzineffektes in vitro. Zschr. f. Immunitätsforsch. **110**, 28 (1953).
9. LITTMAN, M. L., G. E. PHILLIPS and M. H. FUSILLO: In vitro susceptibility of human pathogenic actinomycetes to chloramphenicol (chloromycetin). Am. J. Clin. Path. **20**, 1076 (1950).
10. PEABODY, J. W. jr., and J. H. SEABURY: Actinomycosis and nocardiosis. Am. J. Med. **28**, 99 (1960).
11. SANFORD, G. E., and R. O. BARNES: Massive penicillin therapy of abdominal actinomycosis. Surgery **25**, 711 (1949).

Dr. Dieter FRITSCHE
56 Wuppertal
Friedrich-Bayer-Straße 15

Aus der Univ.-Hautklinik Hamburg
(Direktor: Prof. Dr. Dr. J. Kimmig)
und dem Dept. Microbiol. Yale-University New Haven/Conn., USA

Experimentelle Untersuchungen zur Wirkung antibakterieller und antimyzetischer Substanzen auf Aktinomyzeten verschiedener Gattungen

A. R. Memmesheimer, H. Rieth und P. Hirsch

In der Literatur wird immer wieder über das gute Ansprechen der Aktinomyzeten auf Antibiotica und Sulfonamide berichtet. Jedoch ist dabei fast ausschließlich von menschenpathogenen Aktinomyzeten die Rede. Darum haben wir eine Reihe sowohl pathogener als auch apathogener Aktinomyzeten auf ihr Ansprechen auf antibakterielle und antimyzetische Substanzen untersucht.

Die meisten der von uns untersuchten Stämme stammen aus dem Laboratorium von Waksmann jr. (New Haven/Conn. USA). Weitere Stämme haben wir von Herrn Scholer, Basel, und von der Mikrobiologischen Sammlung in Brünn erhalten. Wegen der noch uneinheitlichen Nomenklatur bei den Strahlenpilzen haben wir die Namen der Pilze so belassen, wie wir sie vom Einsender erhalten haben.

Die von uns untersuchten Strahlenpilze wurden von uns auf folgenden Nährböden gezüchtet: Nocardia madurae, 1253, auf Sabourauds Pepton-Agar bei Zimmertemperatur; Pseudonocardia thermophila, 446, und Dermatophilus congolensis auf Sabourauds Pepton-Agar bei 37°; Waksmania rosea, 606, auf Kimmigs Test-Agar bei 37° und alle übrigen Aktinomyzeten auf Kimmigs Test-Agar bei Zimmertemperatur.

Die Zusammensetzung von Kimmigs Test-Agar ist folgende:

Glukose	10,0
Pepton	5,0
Glycerin	5,0
NaCl	5,0
Standard-Nährbouillon II „Merck"	15,0
Agar-Agar	30,0
Aqua dest. ad	1000,0

Die Zusammensetzung von Sabourauds Pepton-Agar ist folgende:

Pepton	30,0
Agar-Agar	18,0
Aqua dest. ad	1000,0

Um zu wissen, wie wir selber uns am besten vor den Aktinomyzeten schützen könnten, wurden zunächst die beiden Desinfektionsmittel Chinosol und Merfen im Reihenverdünnungstest getestet (s. Tabelle 1). Diese Teste, sowie alle Teste der vorliegenden Arbeit, wurden nach 1 bzw. 2 Wochen abgelesen.

Weitere Reihenverdünnungsteste wurden mit den antimyzetischen Substanzen Moronal und Amphotericin B (s. Tabelle 2), Griseofulvin und Actidion (Cycloheximid) (s. Tabelle 3) sowie Myxal und Multifungin (s. Tabelle 4) durchgeführt.

Tabelle 1. *Prüfung von Chinosol und Merfen im Reihenverdünnungstest*

Grenzkonzentration für totale Hemmung

Pilz:	Merfen	Chinosol
Streptomyces coelicolor 375	< 1 : 100 000	1 : 5000
Streptomyces limosus 455	„	1 : 20 000
Micromonospora chalceae 427	„	< 1 : 50 000
Micromonospora species 429	„	1 : 20 000
Dermatophilus congolensis 605	„	< 1 : 50 000
Proactinomyces ruber 126	„	1 : 20 000
Waksmania rosea 606	„	< 1 : 50 000
Nocardia asteroides 450	1 : 50 000	1 : 20 000
„ „ 602	< 1 : 100 000	1 : 20 000
Nocardia autotrophica 394	„	1 : 10 000
Nocardia brasiliensis 491	„	1 : 5000
„ „ 603	„	1 : 10 000
„ „ 774 A	„	1 : 20 000
„ „ 774 B	„	1 : 20 000
Nocardia madurae 1253	„	> 1 : 5000
Nocardia mexicana 604	1 : 50 000	1 : 20 000
Nocardia opaca 425	< 1 : 100 000	1 : 5000
Nocardia nitrificans 210	„	1 : 10 000
Nocardia uniformis 430	„	1 : 20 000
Getestete Verdünnungen	1 : 10 000	1 : 5000
	1 : 20 000	1 : 10 000
	1 : 50 000	1 : 20 000
	1 : 100 000	1 : 50 000

Tabelle 2. *Prüfung von Nystatin und Amphotericin B im Reihenverdünnungstest*

Grenzkonzentration für totale Hemmung

Pilz	Moronal	Amphotericin B
Str. coelicolor 375	1 : 10 000	> 1 : 50 000
Str. limosus 455	„	„
M. chalceae 427	„	„
M. species 429	„	„
Pr. ruber 126	> 1 : 10 000	„
W. rosea 606	1 : 10 000	„
Candida albicans 50 560	< 1 : 100 000	1 : 50 000
N. asteroides 450	> 1 : 10 000	> 1 : 50 000

Tabelle 2. Fortsetzung

Pilz	Moronal	Amphotericin B
N. asteroides 602	> 1 : 10 000	> 1 : 50 000
N. autotrophica 394	,,	,,
N. brasiliensis 491	1 : 10 000	,,
,, ,, 603	,,	,,
,, ,, 774 A	,,	,,
,, ,, 774 B	> 1 : 10 000	,,
N. mexicana 604	1 : 10 000	,,
N. opaca 425	> 1 : 10 000	,,
N. nitrificans 210	1 : 10 000	,,
N. uniformis 430	,,	,,
Candida albicans 50 560	< 1 : 100 000	1 : 50 000
Getestete Verdünnungen	1 : 10 000	1 : 50 000
	1 : 20 000	1 : 100 000
	1 : 50 000	1 : 200 000
	1 : 100 000	1 : 500 000
		1 : 1 000 000

Tabelle 3. *Prüfung von Griseofulvin und Cycloheximid im Reihenverdünnungstest*
Grenzkonzentration für totale Hemmung

Pilz	Griseofulvin	Actidion
Streptomyces coelicolor 375	1 : 1000	> 1 : 1000
Streptomyces limosus 455	,,	,,
Waksmania rosea 606	,,	,,
Dermatophilus congolensis 605	,,	,,
Pseudonocardia thermophila 446	,,	,,
Proactinomyces ruber 126	> 1 : 1000	,,
N. asteroides 450	1 : 1000	,,
N. ,, 602	,,	,,
N. autotrophica 394	,,	,,
N. brasiliensis 491	> 1 : 1000	,,
,, ,, 603	1 : 1000	,,
,, ,, 774 A	,,	,,
,, ,, 774 B	> 1 : 1000	,,
N. madurae 1253	—	,,
N. opaca 425	1 : 1000	,,
N. nitrificans 210	,,	,,
N. uniformis 430	> 1 : 1000	,,
Getestete Verdünnungen	1 : 1000	1 : 1000
	1 : 2000	1 : 2000
	1 : 5000	1 : 5000
	1 : 10 000	1 : 10 000
	1 : 20 000	1 : 20 000

Tabelle 4. *Prüfung einiger Antimycotica im Reihenverdünnungstest*

Grenzkonzentration für totale Hemmung

Pilz	Myxal	Multifungin
Nocardia asteroides 602	> 1 : 1000	1 : 20 000
Nocardia brasiliensis 491	> 1 : 1000	1 : 20 000
„　　　„　　603	1 : 5000	1 : 50 000
„　　　„　　774 A	1 : 5000	1 : 20 000
„　　　„　　774 B	1 : 5000	1 : 5000
Streptomyces coelicolor 375	1 : 10 000	1 : 5000
Proactinomyces ruber 126	1 : 5000	< 1 : 100 000
Nocardia opaca 425	1 : 1000	1 : 5000
Nocardia uniformis 430	1 : 5000	1 : 20 000
Getestete Verdünnungen:	1 : 1000	1 : 5000
	1 : 2000	1 : 20 000
	1 : 5000	1 : 100 000
	1 : 10 000	
	1 : 20 000	

Da Griseofulvin von uns in Dimethyl-Formamid gelöst wurde und diese Substanz auch gewisse mykostatische Eigenschaften hat, haben wir zur Kontrolle noch Dimethyl-Formamid alleine im Reihenverdünnungstest an Aktinomyzeten geprüft. Dabei konnte eine Wachstumshemmung bei einer Konzentration von 3% oder darunter nicht beobachtet werden. Damit dürfte ein Einfluß des Dimethyl-Formamids auf die Griseofulvin-Testung ausgeschlossen sein, da hierbei die Konzentration des Dimethyl-Formamids unter 2% lag.

Zur Testung der Antibiotica und Sulfonamide benutzten wir den Plättchentest.

Die Sulfonamide wurden mit den Plättchen der Firma Mack, Illertissen, durchgeführt. Nach Angaben der Firma beträgt die Dosierung der Testplättchen bei allen Sulfonamiden gleichmäßig 250 μg. Bei den Testungen mit Antibioticis wurden die Sebastestplättchen der Firma Wild & Co., Basel, benutzt. Nach Angaben der Firma beträgt die Dosierung der einzelnen Testplättchen: Penicillin 5 iE; Bacitracin 10 iE; Oleandomycin 15 μg und alle übrigen Antibiotica 30 μg. Die genauen Testergebnisse der Antibiotica sind aus den Tabellen 5 und 6 ersichtlich. Die Hemmwirkung der einzelnen Testplättchen wurde durch die Größe des Hemmhofs in mm vom Plättchenrand angegeben. Die Wirkung der Sulfonamide auf die verschiedenen getesteten Aktinomyzeten ist in den Tabellen 7 und 8 angegeben.

Besonders auffällig ist das unterschiedliche Ansprechen auf die einzelnen Sulfonamide. Die Gepflogenheit, nur 1 Sulfonamid zu testen und daraus die Resistenzlage gegenüber allen Sulfonamiden abzuleiten, erscheint zumindest bei einigen Aktinomyzeten-Arten nicht gerechtfertigt. Wenn also eine Aktinomyzeten-Infektion durch Sulfonamide behandelt werden soll, kann

Tabelle 5. *Prüfung einiger älterer Antibiotica im Plättchentest*

Größe des Hemmhofs in Millimetern

Pilz	Penicillin	Strepto-mycin	Oxy-tetracyclin	Chloram-phenicol
Streptomyces coelicolor 375	0	0	0	0
Streptomyces limosus 455	0	0	3–6	10–12
Micromonospora chalceae 427 . . .	0	3	?	4
Micromonospora species 429 . . .	0	0	15	15
Pseudonocardia thermophila 446 . .	0	0	12	6
Proactinomyces ruber 126	0	6–10	6–12	15
Waksmania rosea 606	0	4	5	3
Dermatophilus congolensis 605 . .	0	2	6	6
Nocardia asteroides 450	0	0	5	5
„ „ 602	0	0	0–1	0
Nocardia autotrophica 394	0	0–3	12	5
Nocardia brasiliensis 491	0	0	0	0
„ „ 603	0	0	0–3	3
„ „ 774 A	0	0	3	2
„ „ 774 B	0	0	5	0
Nocardia madurae 1253	0	12	10	0
Nocardia mexicana 604	0	0	0	0
Nocardia nitrificans 210	0	5	15	1–3
Nocardia opaca 425	0	0	4	0
Nocardia uniformis 430	0	0	15	5–10

Tabelle 6. *Prüfung einiger neuerer Antibiotica im Plättchentest*

Größe des Hemmhofs in Millimetern

Pilz	Erythro-mycin	Neo-mycin	Baci-tracin	Oleando-mycin
Streptomyces coelicolor 375	0	0	0	0
Streptomyces limosus 455	0	0–4	2–15	0
Micromonospora chalceae 427 . . .	4–10	1	2–6	1
Micromonospora species 429 . . .	12	0	15	12
Proactinomyces ruber 126	0–3	0–2	15	0
Waksmania rosea 606	0	1–3	1	0
Dermatophilus congolensis 605	10	2	12	12
Nocardia asteroides 450	0	0	0–3	0
„ „ 602	0	0	0	0
Nocardia autotrophica 394	0–2	1–3	8–15	1–4

Tabelle 6. Fortsetzung

Pilz	Erythro-mycin	Neo-mycin	Baci-tracin	Oleando-mycin
Nocardia brasiliensis 491	0	0	0	0
„ „ 603	0–3	0	1–5	0
„ „ 774 A	10	0	5	0
„ „ 774 B	0	0	0–2	0
Nocardia madurae 1253	3	6	0	0
Nocardia mexicana 604	1–3	0	0	0
Nocardia nitrificans 210	0	0	6–15	0
Nocardia opaca 425	0	0	0	0
Nocardia uniformis 430	0	3	5	0–3

Tabelle 7. *Prüfung einiger Sulfonamide im Plättchentest*

Größe des Hemmhofs in Millimetern

Pilz	Aristamid	Durenat	Gantrisin	Lederkyn
Streptomyces coelicolor 375	0	0	0	0
Streptomyces limosus 455	0	0	0	0
Micromonospora chalceae 427 . . .	0	0	1–10	?
Micromonospora species 429 . . .	0	0	2–4	2–8
Pseudonocardia thermophila 466 . .	0	0	0	0
Proactinomyces ruber 126	6–15	4–10	6–15	8
Waksmania rosea 606	10	10	5	0
Dermatophilus congolensis 605 . .	3	2	6	5
Nocardia asteroides 450	0–3	0	3–6	0–3
„ „ 602	0	0	0	0
Nocardia brasiliensis 491	0	3–10	0	?
„ „ 603	1	12	15	3–10
„ „ 774 A	0–5	0	5–10	5–10
„ „ 774 B	6–10	5–10	1–5	8
Nocardia autotrophica 394	0	0	25	?
Nocardia madurae 1253	5–10	10–12	2–5	3–5
Nocardia mexicana 604	20	20	20	20
Nocardia nitrificans 210	3–5	6–10	4–12	0–5
Nocardia opaca 425	0	0	0	0
Nocardia uniformis 430	10	3–10	15	5–10

Tabelle 8. *Prüfung weiterer Sulfonamide im Plättchentest*

Größe des Hemmhofs in Millimetern

Pilz	Madribon	Pallidin	Supronal
Nocardia asteroides 450	10–15	2–5	1–4
Nocardia asteroides 602	0	5	0
Nocardia autotrophica 394	20	1–5	0
Nocardia brasiliensis 491	10–20	6–10	1–3
„ „ 603	6–10	1–3	6–10
„ „ 774 A	8–12	0	10–14
„ „ 774 B.	25	12	15
Nocardia mexicana 604	20	20	20
Nocardia nitrificans 210	0–10	0–10	0
Nocardia opaca 425	0	0	0
Nocardia uniformis 430	4	5	5
Streptomyces coelicolor 375	0	0	0
Streptomyces limosus 455	0	0	0
Micromonospora chalceae 427	1	2	1–10
Micromonospora species 429	0	0	2–12
Pseudonocardia thermophila 446	0	0	0
Proactinomyces ruber 126	15–20	10	3–8
Dermatophilus congolensis 605	2	0	12

es vorkommen, daß einige Sulfonamide unwirksam und andere hochwirksam sind. Eine Prüfung der Empfindlichkeit vor Beginn der Behandlung hilft, die bestmögliche Therapie zu ermitteln.

Die unterschiedliche Empfindlichkeit auf die einzelnen Sulfonamide und Antibiotica könnte auch botanisch interessant werden, wenn man das Ansprechen auf gewisse Substanzen zur Identifizierung mitheranziehen kann.

Dr. A. R. Memmesheimer
Univ.-Hautklinik
2 Hamburg

Aus dem Institut für Tierpathologie der Universität München
(Vorstand: Prof. Dr. H. Sedlmeier)

Zur Differenzierung sogenannter aktinomykotischer Granulome beim Tier

B. Schiefer

Der Nachweis von Drusen im Nativ- oder Schnittpräparat gibt oft Anlaß zur Diagnose „Aktinomykose", ohne daß weitere abklärende Untersuchungen durchgeführt werden. Betrachtet man jedoch die granulomatösen Prozesse mit Drusenbildung im Gewebe (vgl. Tabelle, oberer Anteil), so fällt auf, daß sehr verschiedenartige infektiöse Prozesse mit einer Drusenbildung einhergehen. Des weiteren herrscht heute immer noch Unklarheit über eine zweckmäßige Einteilung der Aktinomykosen, da auch Granulome ohne Drusenbildung (Tabelle, unterer Anteil) unter dem Begriff Aktinomykose gefaßt werden, und von vielen Autoren (vgl. Fricker, Brede, Renk) die Aktinomykose als eine polybakterielle Krankheit verstanden wird. Die hier vorgetragene Problematik kann keinesfalls den Anspruch erheben neu zu sein, da schon seit 30—40 Jahren eingehende Untersuchungen und Versuche zur Differenzierung vorliegen (z. B. Sedlmeier, Liebster, Radtke, Fricker). Man hat sich jedoch wegen der Schwierigkeiten bei der kulturellen Differenzierung der Erreger damit begnügt, die Bezeichnung „Aktinomykose" als einen pathologisch-anatomisch abgrenzbaren, aetiologisch jedoch unklaren Begriff zu verstehen. Die Möglichkeiten, welche sich durch die Histopathologie eröffnen, hat man dabei weitgehend vernachlässigt, obwohl Sedlmeier klare Unterscheidungsmerkmale herausgestellt hat, die, unabhängig von ihm, erneut von Plummer bestätigt wurden. Es soll, auf diesen Grundlagen fußend, im folgenden versucht werden, eine kurze Charakteristik der Granulome mit Drusenbildung zu geben. Auf die mannigfachen Ansichten über die Natur der Keulen, die den Drusen das charakteristische Gepräge geben, soll hier nicht näher eingegangen werden. Es sei auf die zusammenfassende Darstellung von Fricker und Widra verwiesen. Wie die histochemischen Untersuchungen von Widra gezeigt haben, handelt es sich bei den Keulen höchstwahrscheinlich um hochpolymerisierte basische Proteine, die aktiv von den Erregern zum Schutz vor einer Phagozytose bereitet werden.

Für histopathologische Untersuchungen zur Differenzierung von Granulomen mit Drusenbildung eignet sich neben einer gewöhnlichen HE-Färbung (zur Darstellung der eosinophilen Drusen) ungleich besser eine Grocott-Pilzfärbung; daneben kann eine gute Gram-Färbung zur Unterscheidung grampositiver bzw. -negativer Bakterien nicht entbehrt werden. Die Durchführung der Grocott-Färbung bietet zudem den Vorteil,

Tabelle. *Aktinomykotische und andere Granulome mit und ohne Drusenbildung*

	Krankheit	Erreger	Verhalten bei Gram-färbung	Kulturelles Verhalten
Granulome mit Drusenbildung (Drusen wurden auch nach experimenteller Infektion bei Tuberkulose, Pseudotuberkulose, Rotz und Diphtherie gesehen)	Knochen- und Weichteil-aktinomykose der Tiere Aktinomykose des Menschen	Actinomyces wolff-israelii	gram-positiv	anaerobes Wachstum
	Aktinobazillose	Actinobacillus lignieresii	gram-negativ	aerobes Wachstum
	„Botryomykose" d. Pferde	Micrococcus ascoformans	gram-positiv	wie Staphylo-coccus aureus
	Staphylokokkengranulome der Tiere	Staphylococcus aureus		
	Maduromykose	Allescheria boydii (Monosporium apiospermium) Madurella-Arten Cephalosporium-Arten		
	Aspergillose (LICHTHEIM, 1882, DAVIS u. SCHAEFER, 1962)	Aspergillus-Arten		
	Mucormykose (DAVIS u. Mitarb. 1955)	Mucor-Rhizopus- u. Absidia-Arten		
Aktinomykotische Granulome ohne Drusenbildung	Nocardiose	Nocardia asteroides	gram-positiv	aerobes Wachstum
	Lymphangitis farciminosa bovis (Hautwurm, bovine farcy, tropical actinomycosis)	Nocardia farcinica	gram-positiv	aerobes Wachstum
	Streptothrichose bei Rind, Ziege, Pferd (cutaneous streptothricosis, cutaneous actinomycosis, mycotic dermatitis, „Senkobo scab")	Dermatophilus congolensis	gram-positiv	fakultativ aerobes Wachstum
	Mycotic dermatitis beim Schaf („Lumpy wool")	Dermatophilus dermatonomus	gram-positiv	fakultativ aerobes Wachstum
	„Strawberry footrot" beim Schaf	Dermatophilus pedis	gram-positiv	fakultativ aerobes Wachstum

mykotische Drusenbildungen mit Sicherheit auszuschließen. Die Druse bei Aktinomykose (hervorgerufen durch Actinomyces wolff-israelii) stellt sich bei der GROCOTT-Färbung als kammartig gelagerte Anhäufung der Erreger

mit feinfädigen Verzweigungen dar. Im Gegensatz dazu ist die Aktinobazillose durch rundliche Formen gekennzeichnet; die Erreger verzweigen
sich ebenfalls vielfach, sind jedoch nicht so fein verästelt. Die Einzelelemente
sind kürzer und plumper gestaltet. Sowohl bei der Botryomykose der
Pferde, als auch bei den Staphylokokkengranulomen anderer Tiere erkennt
man, daß eine strahlige Zeichnung im Inneren der „Druse" fehlt („Pseudoaktinomykose" nach BERESTNEW). Der Rand ist vielmehr abgerundet und
schon bei der mikroskopischen Betrachtung mit stärkeren Trockensystemen
erscheinen die runden großen Kugeln (Staphylokokken). Während sich
Mykosen (Maduromykose, Aspergillose, Mucormykose) leicht durch den
Nachweis von GROCOTT-positiven Elementen abgrenzen lassen (vgl.
SCHIEFER), erscheint eine weitere Unterscheidung der Staphylokokken-
drusen von Drusen anderer Bakterien selbst bei Anwendung von GIEMSA-
oder GRAM-Färbung aussichtslos. Hier wird man — ähnlich wie bei den in
der Tabelle genannten Granulomen ohne Drusenbildung — keine verbind-
lichen Aussagen machen dürfen, ohne eine kulturelle Untersuchung durchzuführen.

Zusammenfassung

Mit Hilfe geeigneter Färbemethoden gelingt eine Differenzierung der
sogenannten aktinomykotischen Granulome beim Tier. Es lassen sich
Prozesse mit Drusenbildung (Aktinomykose, Aktinobazillose und Staphylo-
kokkengranulome) und Prozesse ohne Drusenbildung (Nocardiose, Strepto-
thrichose, „Mycotic dermatitis" und „Foot rot") unterscheiden. In differen-
tialdiagnostischer Hinsicht müssen sogenannte Drusenbildungen bei Maduromykose, Aspergillose, Mucormykose und bei Parasiteninvasionen ausgeschlossen werden.

Literatur

BERESTNEW, N.: Über Pseudoaktinomykose, Zschr. f. Hyg. **29**, (1898).

BREDE, H. D.: Zur Ätiologie und Mikrobiologie der Aktinomykose. I. In-vitro-Versuche
zur Frage der fermentativen Unterstützung des Actinomyces israeli durch Begleitbakterien, Zbl. Bakt. I Abg. Orig. **174**, 110—122 (1959).

DAVIS, CH. L., W. A. ANDERSON and B. R. McCRORY: Mucormycosis in food-producing
animals. A report of 12 cases, J. Amer. vet. med. Assoc. **126**, 261—267 (1955).

DAVIS, CH. L. and W. B. SCHAEFER, Cutaneous aspergillosis in a cow, J. Amer. vet.
med. Assoc. **141**, 1339—1343 (1962).

FRICKER, O.: Können Staphylokokken zur Bildung von Actinomyces-Drusen führen?
(Studien bei Aktinomykose im Gesäuge des Schweines), Vet. med. Diss. München,
(1936).

LICHTHEIM, L.: Über pathogene Schimmelpilze, I. Die Aspergillusmykosen, Berl. klin.
Wschr. **19**, 129—132, 142—147 (1882).

LIEBSTER, B.: Beitrag zu der durch den Actinobazillus verursachten Actinomykose
(Actinobazillose), Vet. med. Diss. Leipzig (1932).

PLUMMER, P. J.: Actinomycosis: histological differentiation of actinomycosis and actino-
bacillosis, Canad. J. comp. Med. **10**, 331—337 (1946).

RADTKE, G.: Über die Erreger der Aktinomykose, Berl. tierärztl. Wschr. **51,** 797 (1935).

RENK, W.: Gesäugeaktinomykose des Schweines, Berl. München. tierärztl. Wschr. **75,** 301–304 (1962).

SCHIEFER, B.: Zur Differenzierung bakterieller und mykotischer Granulome, Path. vet. **1,** 221–247 (1964).

SEDLMEIER, H.: Kulturelle und experimentelle Untersuchungen über die Ätiologie der Aktinomykose des Rindes, Zschr. f. Inf.-Krankh., parasit. Krankh. und Hyg. d. Haustiere **50,** 129–164 (1936).

WIDRA, A.: Histochemical observations on actinomyces bovis granules, Sabouraudia **2,** 264–267 (1963).

Dr. B. SCHIEFER, Institut für
Tierpathologie der Universität München
8 München 22, Veterinärstraße 13

Aus der Rheinischen Landesklinik Marienheide, Bezirk Köln
(Direktor: Prof. Dr. H. RINK)

Zur Klinik und zum röntgenologischen Erscheinungsbild der Lungen-Nocardiose

PAUL SKOBEL

Mit 2 Abbildungen

Die Nocardia-Infektion der Lunge gehört auch heute noch zu jenen seltenen pulmonalen Erkrankungen, deren Zahl sich im Schrifttum gut überblicken läßt. PEABODY u. SEABURY vermuten zwar, daß diese Krankheit wesentlich häufiger vorkommt, als man an Hand der mitgeteilten Fälle erwarten würde, und D. T. SMITH (1945) schätzte das Verhältnis von Aktinomykose zur Nocardiose sogar auf 10 : 1, während LENTZE an seinem umfangreichen Material eine wesentlich geringere Relation (350 : 1) feststellen konnte. Berücksichtigt man weiterhin die Tatsache, daß auch die Lungenaktinomykose bereits einen gewissen Seltenheitswert erlangt hat, so wird verständlich, daß bei der Differential-Diagnose unklarer Lungenprozesse die Nocardiose kaum in Erwägung gezogen wird. Inwieweit nun eine wirkliche Zunahme dieser Strahlenpilzerkrankung — ähnlich wie bei den anderen Lungenmykosen — zu verzeichnen ist, läßt sich vorerst noch nicht übersehen und wird keineswegs durch die zwar steigende Zahl mitgeteilter Fälle in den letzten Jahren bewiesen. Infolge des ständig wachsenden Antibiotica-Konsums wird möglicherweise auch hier eine Verschiebung der bisherigen Verhältnisse zugunsten der Nocardiose eintreten. Außerdem ist zu erwarten, daß durch intensivere Diagnostik bei allen ungeklärten Lungenbefunden, insbesondere kulturelle Untersuchung des durch Lungen-

punktion, Bronchoskopie bzw. Katheterbiopsie gewonnenen Untersuchungsmaterials diese Erkrankung bereits in einem früheren Stadium erfaßt wird.

Nocardia asteroides als wichtigster Vertreter der Gattung Nocardia gehört ebenfalls
zur Familie der Strahlenpilze (Actinomycetaceae), unterscheidet sich aber vom Actinomyces israelii durch streng aerobes Wachstum und partielle Säurefestigkeit. Im erkrankten
Gewebe findet er sich ohne bakterielle Begleitflora und ist empfindlich gegenüber Sulfonamiden, insbesondere dem Sulfadiazin, dagegen weitgehend resistent gegenüber den
Antibiotica. Die Sonderstellung dieses Mikroorganismus wird weiterhin unterstrichen
durch sein Vorkommen im Schmutz und Erdreich, die verhältnismäßig leichte Anzüchtung, die ausgeprägte Tierpathogenität und den überwiegend exogenen Infektionsmodus.
Seine Isolierung aus dem Sputum ist allerdings noch kein absoluter Beweis für das Vorliegen einer Nocardiose der Lunge.

Auch hinsichtlich des Organbefalls, der Ausbreitung der Infektion und
des Krankheitsverlaufs werden gewisse Unterschiede gegenüber der Lungenaktinomykose herausgestellt: Ansiedlung der Erreger in der Lunge nach
Inhalation oder Aspiration, die Tendenz zu rascher Ausdehnung sowie zu
hämatogener Absiedlung in verschiedene andere Organe, insonderheit Hirn
und Hirnhäute. Hierdurch erklärt sich die gelegentliche Schwere des
Krankheitsbildes, bei dem zentralnervöse Erscheinungen im Vordergrund
stehen und der Lungenbefund bisweilen unerkannt bleibt. Bei mehr sub-
akutem oder chronischem Verlauf ähnelt die Nocardiose, sofern sie noch
auf die Lunge beschränkt ist, durchaus der Tuberkulose, mit der sie häufig
verwechselt wurde. Gelegentliche Temperatursteigerungen, Gewichts-
abnahme, Mattigkeit, Nachtschweiß, Frösteln, Husten mit Entleerung von
schleimig-eitrigem Auswurf, zeitweilige Hämoptysen sowie stechende
Schmerzen bei der Atmung sind jedoch uncharakteristische Symptome und
in ihrem Ausmaß abhängig von dem jeweiligen Lokalbefund bzw. einer
etwaigen Pleurabeteiligung. Wenig typisch sind auch die Veränderungen im
zellulären Blutbild sowie die Höhe der Blutsenkung.

Das röntgenologische Bild ist wechselnd. Außer einer Hilusverdichtung
finden sich umschriebene pneumonische Infiltrationen, diffus verteilte fleck-
förmige Verschattungen, isolierte Höhlenbildung, multiple Abszedierungen,
miliare Herde, Pleuraergüsse sowie pleurale Schwartenbildung. Bisweilen
greift der entzündliche Prozeß auch auf die Rippen und Brustwand über und
führt zu nachfolgender Fistelbildung.

Serologische Reaktionen und Hautteste haben nach SEELIGER nur einen
begrenzten Wert, so daß dem kulturellen Nachweis des Erregers besondere
Bedeutung zukommt.

Aber nicht nur die Virulenz dieser Mikroorganismen und die Wider-
standskraft des infizierten Organismus bestimmen Verlauf und Schwere des
Krankheitsbildes, sondern auch der Zeitpunkt der Diagnose und eine früh
einsetzende wirksame Behandlung. Da unklare Lungenprozesse jedoch
nicht selten vor endgültiger Sicherung der Diagnose einer intensiven und
längeren Chemotherapie unterzogen werden, wird der Krankheitsablauf einer

                     P. Skobel:

möglicherweise bestehenden Lungennocardiose abgewandelt und verändert. Es wechseln dann vorübergehende Befundbesserungen mit erneuten Rezidiven und Verschlimmerungen, und bisweilen wird die Diagnose einer Nocardiose der Lunge erst an Hand des Operationspräparates oder bei der Autopsie gestellt.

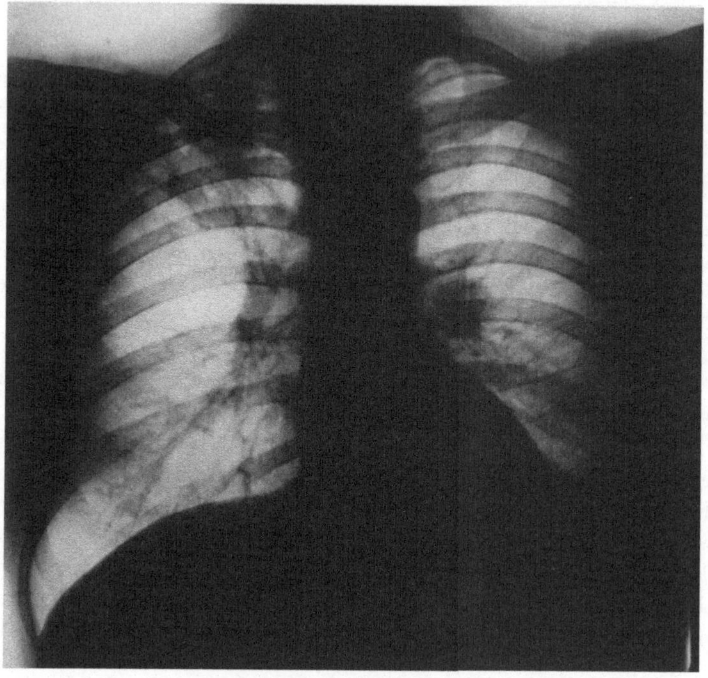

Abb. 1. Thoraxübersicht (10. 10. 1961). Pleurale Verschwartung li. Unterfeld. Umschriebene Verschattung im rechten Spitzen-Oberfeld

Nachfolgend soll über einen derartigen Krankheitsfall berichtet werden, der mehrere Jahre als Lungentuberkulose gedeutet, dann als begleitende Sproßpilzinfektion angesehen wurde und sich bei histologischer Untersuchung des resezierten Lungenoberlappens als eine Strahlenpilzerkrankung erwies.

Im Dezember 1950 war bei dem damals 23 jährigen Baufacharbeiter H. Sch. erstmalig nach Auftreten von Mattigkeit, Nachtschweiß, Fieber und Husten mit Entleerung von vermehrt Auswurf ein eingeschmolzenes Infiltrat in Höhe des rechten Schlüsselbeins röntgenologisch festgestellt worden, das nach kurzer Penicillinmedikation 3 Monate später wieder weitgehend zurückgebidet war. 1954 stellten sich die gleichen klinischen Erscheinungen ein, die als Lungenentzündung gedeutet wurden. Eine im Februar 1955 angefertigte Röntgen-Aufnahme zeigte jetzt lediglich einen umschriebenen Fleckschatten rechts infraclaviculär, der trotz erneuter Penicillinbehandlung unbeeinflußt blieb und schließlich als nodöse Lungentuberkulose angesehen wurde. 2 Jahre später (1957) erfolgte wegen pleuraler Beschwerden und Fieber Einweisung in eine Klinik. Bei zunächst noch gering ausgeprägtem Befund mit isoliertem kleinknotigen Herd rechts im Obergeschoß und einzelnen weichfleckigen Herden im linken Lungenunterfeld bildete sich 4 Wochen später ein ausgedehnter Pleuraerguß links aus, der anfangs kulturell steril war und später in ein mischinfiziertes Empyem (Bact. coli, vergrünende Streptokokken) überging. Während die angelegten Tb-Kulturen stets negativ ausfielen, konnten nur einmal im Sputum säurefeste Stäbchen nachgewiesen werden. Unter der 15 Monate dauernden

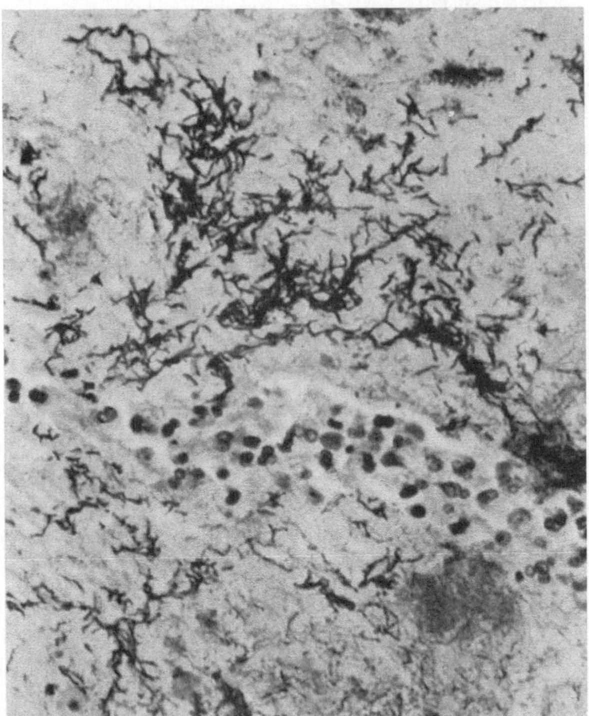

Abb. 2. Zahlreiche grampositive Pilzfäden ohne Drusenbildung (Nocardia) innerhalb der Abszeß-
höhlen (Vergr. etwa 460fach)

stationären Behandlung mit verschiedenen Antibiotica (Penicillin, Streptomycin, Tetra-cyclin) wurde eine deutliche Rückbildung des Empyems erzielt.

Im November 1960 kam es jedoch wiederum zum Auftreten von Fieber, vermehrt Husten mit reichlich Auswurf und gelegentlichen Hämoptysen, so daß ab Januar 1961 erneut stationäre Behandlung notwendig wurde. Wegen des jetzt ausgedehnten Befundes im rechten Lungenoberlappen, den man als fakultativ offene, exsudativ-produktive Spitzenoberfeldtuberkulose ansah, erhielt der Patient außer Tuberkulostatica und Streptomycin nochmals verschiedene Penicillinpräparate in größerer Menge, die jedoch den Befund im rechten Oberlappen kaum beeinflußten und immer wiederkehrende Fieberschübe nicht verhinderten. Der wiederholte Nachweis von Candida albicans im Sputum ließ in Verbindung mit der positiven KBR in einer Serumverdünnung von 1 : 320 auch an eine begleitende Sproßpilzinfektion denken.

Nach Verlegung am 9. 10. 1961 in die Rheinische Landesklinik Marienheide hatte sich der röntgenologische Lungenbefund weiterhin nur wenig verändert. Es fanden sich grobfleckige-streifige Herde mit Höhlenbildungen im rechten Spitzenoberfeld (Abb. 1).

Die Blutsenkung betrug 40/72; im Elektrophoresediagramm war die Gammaglobulinfraktion bis auf 27% vermehrt. Das bei der Bronchoskopie aus dem rechten Oberlappenbronchus abgesaugte und reichlich nachfließende gelblich-eitrige Sekret war kulturell steril. Da unter Fortführung der konservativen Therapie keine Befundbesserung zu erwarten war, erfolgte schließlich 5 Wochen später die Resektion des rechten Oberlappens und des 6. Segmentes des Unterlappens.

Laut Bericht des Patholog. Institutes der Universität Münster (Direktor Prof. Dr. Giese) fand sich in dem entfernten Oberlappen eine chronische Lungenmykose mit multiplen kleineren und größeren Lungenabszessen neben Bronchiektasien und einer chronisch indurierenden Pneumonie. Die einzelnen Höhlen enthielten ebenso wie die erweiterten Bronchien dichte Geflechte sich verzweigender grampositiver Pilzfäden, die an einzelnen Stellen mehr diffus verteilt waren (Abb. 2).

Bedauerlicherweise war jedoch das Operationspräparat vorzeitig in Formalin fixiert worden, so daß eine kulturelle Differenzierung dieses Strahlenpilzes nicht mehr durchgeführt werden konnte, welche ein absoluter Beweis für eine Lungennocardiose gewesen wäre.

Diskussion

Nach Emmons, Binford und Utz sind die mehr diffuse Verteilung der Pilzfäden und das Fehlen typischer Drusen für den Pathologen ein wichtiges Kriterium, um die Nocardiose der Lunge von der Aktinomykose abzugrenzen. Auch in diesen histologischen Präparaten waren keinerlei Drusenbildungen nachweisbar, und an den einzelnen Mycelgeflechten fehlten die keulenförmigen Auftreibungen, wie sie häufig bei Actinomycesdrusen beobachtet werden. Der gesamte Krankheitsablauf, der zwar anfangs unter der antibiotischen Therapie gewisse Remissionen zeigte, später aber trotz ausgedehnter Penicillin- und Streptomycinbehandlung weitgehend unverändert blieb und die fehlende bakterielle Begleitflora im eitrigen Bronchialsekret sprechen gleichfalls mehr für eine Nocardiose der Lunge. Ungeklärt bleibt jedoch die Frage, ob das im Jahre 1950 festgestellte eingeschmolzene Infiltrat rechts infraclaviculär schon durch eine Nocardia-Infektion bedingt war oder die Besiedlung mit diesem Strahlenpilz erst zu einem späteren Zeitpunkt erfolgte, nachdem bakterielle Schädigungen vorausgegangen waren. Ein tuberkulöser Prozeß, wie er auf Grund des röntgenologischen Befundes vermutet wurde, konnte jedoch nach dem histologischen Bild weitgehend ausgeschlossen werden.

Zusammenfassung

Die bislang relativ selten beobachtete Nocardiose der Lunge verliert im Zeitalter des starken Antibiotica-Verbrauchs keineswegs an Bedeutung, zumal der Erreger Nocardia asteroides gewöhnlich nicht auf diese Medikamente anspricht, sondern lediglich gegenüber Sulfonamiden empfindlich ist. Infolge des verbreiteten Vorkommens der Keime im Schmutz und Erdreich und wegen ihres gelegentlichen Nachweises auch im Mundrachenraum kann unter bestimmten Voraussetzungen eine Invasion dieses Strahlenpilzes in die unteren Atemwege und Lunge erfolgen. Obgleich die strukturellen Besonderheiten von Nocardia asteroides eine Abtrennung gegenüber Actinomyces israelii erforderten, gleichen die klinischen und röntgenologischen Erscheinungen der Nocardiose im wesentlichen der Aktinomykose der Lunge, falls noch keine weitere Absiedlung in andere Organe besteht. Wandlungen und Änderungen des früher so häufig beobachteten foudroyanten Verlaufs der Lungennocardiose ergeben sich durch bald einsetzende Chemotherapie bei zunächst noch ungeklärten Lungenprozessen, wobei die mehr chronisch protrahierten Formen dieser Strahlenpilzerkrankung nicht selten als Lungentuberkulose angesehen werden.

Ein derartiges, durch mehrfache Rezidive und vorübergehende Befundbesserungen gekennzeichnetes Krankheitsbild, das während des jahrelangen Verlaufs als Lungentuberkulose gedeutet wurde, dann den Verdacht auf eine chronische Lungenmykose erweckte und schließlich durch histologische Untersuchung des resezierten Lungenoberlappens als Nocardiose erkannt werden konnte, wird eingehend geschildert.

Herrn Prof. Dr. GIESE, Direktor des Patholog. Institutes der Universität Münster danke ich für die Überlassung der histologischen Schnitte.

Literatur

BALLENGER, C. N., D. GOLDRING: Nocardiosis in childhood. J. Pediat. **50,** 145 (1957)

BASSERMANN, F. J.: Die Nocardiose. Tuberk.-Arzt **10,** 169 (1956).

EMMONS, C. W., C. H. BINFORD and J. P. UTZ: Medical Mycology, pp. 72—85. Lea & Febiger, Philadelphia 1963.

GREER, A. E.: Disseminating Fungus Diseases of the Lung, pp. 29—59. Thomas, Springfield, Illinois 1962.

LENTZE, F. A.: In: Lehrbuch der medizinischen Mikrobiologie und Infektionskrankheiten. Hrsg. v. H. REPLOH, H. J. OTTE. S. 311 ff. Stuttgart Fischer, 1961.

PEABODY, J. W. and J. H. SEABURY: Actinomycosis and Nocardiosis. Amer. J. Med. **28,** 99 (1960).

SEELIGER, H. P. R.: Immunbiologisch-serologische Nachweisverfahren bei Pilzerkrankungen. In: Handbuch der Haut- und Geschlechtskrankheiten. J. JADASSOHN. Hrsg. v. A. MARCHIONINI u. H. GÖTZ. Bd. IV/4, S. 678. Berlin, Göttingen, Heidelberg: Springer,1963.

SKOBEL, P. und H. P. R. SEELIGER: Die Lungenmykosen im europäischen Raum. In: Klinik der Lungenkrankheiten. Hrsg. v. H. W. KNIPPING u. H. RINK. S. 727—731. Stuttgart Schattauer, 1963.

SMITH, D. T.: Pulmonary mycoses. Clinics **4,** 994 (1945).

SMITH, D. T.: Fungus Diseases of the Lungs, pp. 11—13. 2. Ed. Thomas, Springfield, Illinois 1963.

Ld.-Obermedizinalrat Dr. P. SKOBEL
5 277 Marienheide
Robert-Koch-Straße 3

Aus der Universitäts-Hautklinik Hamburg
(Direktor: Prof. Dr. J. Kimmig)

Demonstrationen von Aktinomyzeten-Kulturen

A. R. Memmesheimer

Mit 3 Abbildungen

Die Aktinomyzeten stehen taxonomisch zwischen den Schizomyzeten (Bakterien, Spaltpilze) und den Eumyzeten, den echten Pilzen. Daher werden sie von manchen Autoren zu den Bakterien, von anderen zu den Pilzen gerechnet, während wieder andere die Aktinomyzeten als eine unabhängige Gruppe betrachtet wissen wollen. Für eine Zuordnung zu den Bakterien

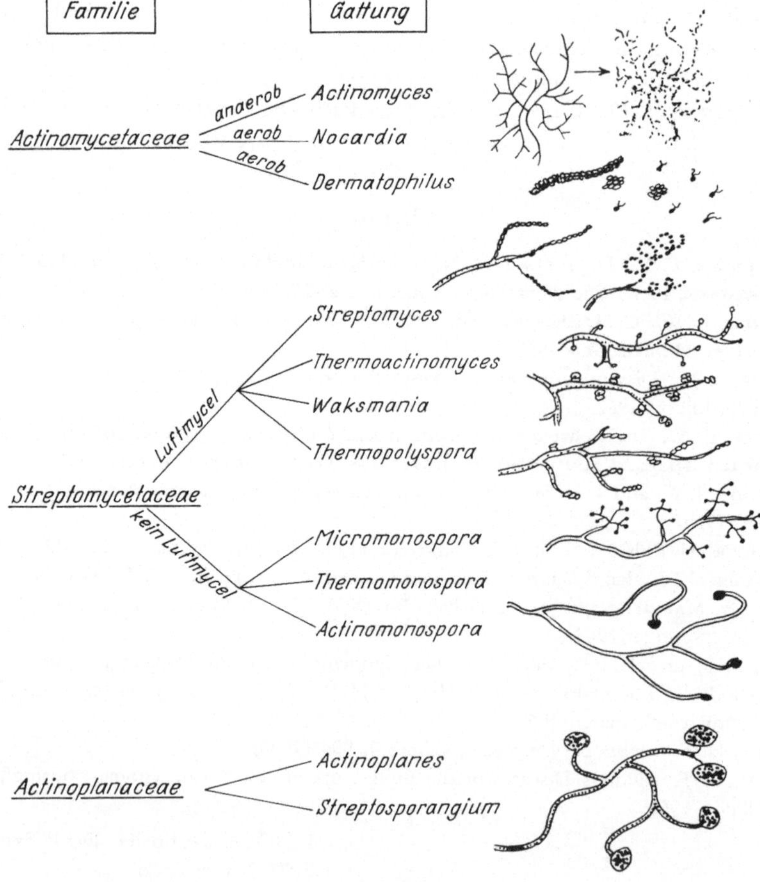

Abb. 1. Strahlenpilze-Aktinomyzeten. Einteilung der Strahlenpilze nach Rieth

sprechen das Fehlen des Zellkernes, das Fehlen von Chitin und Zellulose in den Zellwänden, sowie der Zerfall in kokkoide, sarcinoide oder bacilliforme Elemente.

Dagegen lassen eine Zuordnung zu den Pilzen folgende Tatsachen ratsam erscheinen: die Bildung von echtem Mycel, die Sporenbildung und der Habitus der Kulturen.

Die Einteilung der Aktinomyzeten berücksichtigt morphologische und physiologische Merkmale. Historisch bedeutsam sind die Einteilungen von

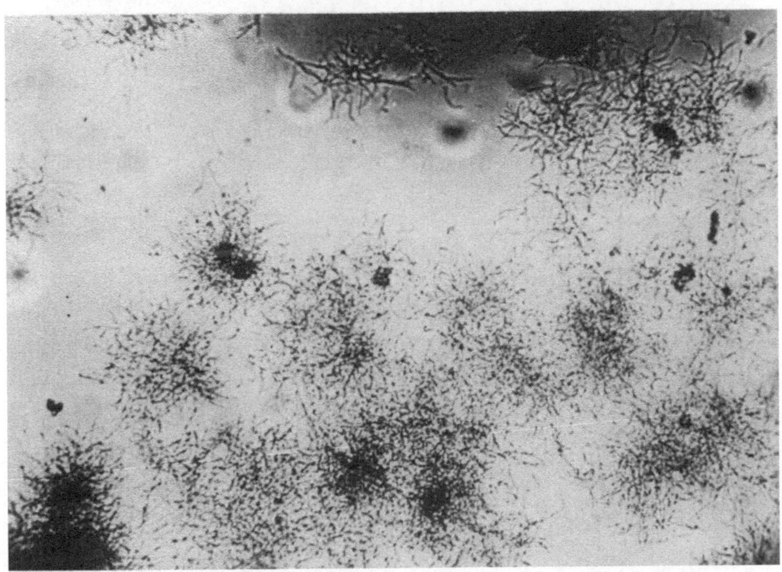

Abb. 2. Streptomyces lavendulae, 4 Tage alte Kultur (Vergr. 300fach)

Waksman & Henrici (*5*), Krassilnikow (*3*), Gause und Mitarbeiter (*2*) sowie von Baldacci und Mitarbeiter (*1*).

Wie aus Abb. 1 (Aufstellung der Aktinomyzeten nach H. Rieth) ersichtlich, zerfallen die Strahlenpilze in 3 Familien, die Actinomycetaceae, die Streptomycetaceae und die Actinoplanaceae.

Die Familie der *Actinomycetaceae* ist charakterisiert durch den Zerfall in bacilliforme, kokkoide oder sarciniforme Elemente. Bei den Gattungen Actinomyces (anaerob wachsend) und Nocardia (aerob wachsend) zerfällt das Mycel in bacilliforme und kokkoide Elemente. Bei der Gattung Dermatophilus bilden sich durch Längs- und Querteilung des Mycels sarcinoide Zerfallsprodukte.

Bei der Familie der *Streptomycetaceae* findet kein direkter Zerfall des gesamten Mycels mehr statt, sondern es wird eine Sporenbildung am Mycel beobachtet. Die Gattung Streptomyces bildet gerade oder spiralige Sporophoren, die arthrosporoid zerfallen. Die Gattung Thermoaktinomyces (auch

Pseudonocardia genannt) ist durch die an einer kurzen, kleinen Sporophore aufsitzende, endständige, einzelne Spore und durch das Wachstum bei 37 °C charakterisiert. Bei der Gattung Waksmania sitzen Doppelsporen direkt am

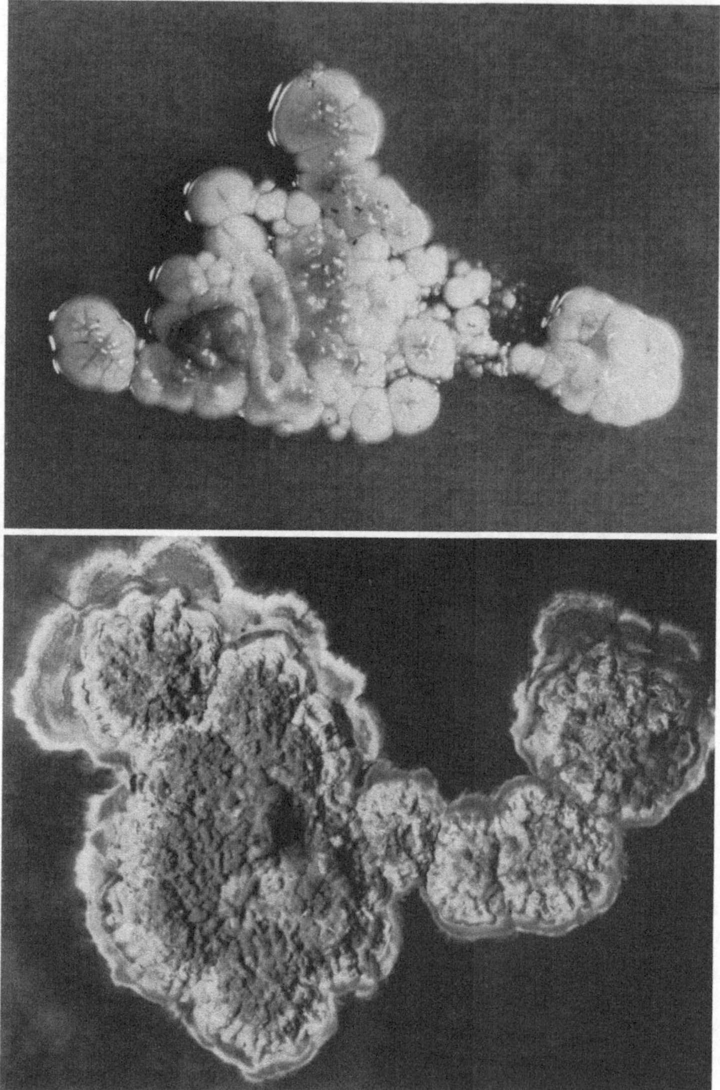

Abb. 3. Nocardia Madurae (oben) und Streptomyces coelicor (unten), 4 Wochen alte Kulturen

Mycel an, während bei der Gattung Thermopolyspora mehrere Sporen in Reihen hintereinander an kurzen Sporophoren aufsitzen. Alle diese 4 erstgenannten Gattungen der Familie der Streptomycetaceae bilden Luftmycel.

Die folgenden 3 Gattungen bilden kein Luftmycel, und zwar bilden Micromonospora und Thermomonospora beide sehr kleine, endständige Sporen, wobei Thermomonospora *nur* bei Temperaturen von 37 °C, während Micromonospora *auch* bei Zimmertemperatur wächst. Die Gattung Aktinomonospora ist durch eine sehr lange Sporophore mit einer großen, endständigen Spore gekennzeichnet.

Die Familie der *Actinoplanaceae* ist durch die Bildung von Sporangien charakterisiert, wobei die Gattung Aktinoplanes kein Luftmycel und die Gattung Streptosporangium Luftmycel bildet.

Aus Abbildung 2, einer 4 Tage alten Kultur von Streptomyces lavendulae, ist ersichtlich, warum der Name Aktinomyzeten oder Strahlenpilze gewählt wurde. Alle jungen Kulturen der Aktinomyzeten zeigen unter dem Mikroskop dieses Bild, was an eine Sonne mit ihren Strahlen oder an strahlende Sterne erinnert.

Aus der großen Zahl der demonstrierten Aktinomyzeten-Kulturen werden in der Abb. 3 einige Beispiele wiedergegeben.

Zusammenfassung

Es werden die Charakteristica der Aktinomyzeten kurz beschrieben und anhand der Einteilung nach RIETH die Besonderheiten der einzelnen Aktinomyzeten-Gattungen herausgestellt. Von den im Original demonstrierten Aktinomyzeten-Kulturen werden einige Abbildungen wiedergegeben.

Literatur

1. BALDACCI, E., C. SPALLA and A. GREIN: The Classification of the Actinomyces Species. Arch. Microbiol. **20**, 347 (1954), zit.: nach GAUSE, G. F. und Mitarb.: Zur Klassifizierung der Actinomyceten, Jena: Fischer 1958.
2. GAUSE, G. F., T. P. PREOBRASHENSKAJA, E. S. KUDRINA, N. O. BLINOW, I. D. RJABOWA, M. A. SWESCHNIKOWA: Zur Klassifizierung der Actinomyceten. Jena: Fischer 1958.
3. KRASSILNIKOV, N. A.: Diagnostik der Bakterien und Aktinomyzeten. Jena: Fischer 1959.
4. RIETH, H.: Persönliche Mitteilung.
5. WAKSMAN, S. A., and A. T. HENRICI: in Bergey's Manual of Determinative Bacteriology. The Williams and Wilkins Co. Baltimore 1948, S. 892.

Dr. A. R. MEMMESHEIMER
Universitäts-Hautklinik
2 Hamburg

II. Hauptthema

Wechselwirkung zwischen pathogenen Pilzen und Wirtsorganismus

Aus der Hautklinik der Albert-Ludwigs-Universität Freiburg im Breisgau
(Direktor Prof. Dr. K. W. Kalkoff)

Zur candidinspezifischen Leukocytolyse des Menschen und im Tierexperiment

K. W. Kalkoff, R. Bickhardt und A. Buck

Mit 4 Abbildungen

Der Nachweis von Candida albicans aus Krankheitserscheinungen der Haut oder anderer Organe läßt zwar noch keine Beurteilung der ursächlichen Bedeutung der Pilze für die vorliegenden Krankheitsprozesse zu; das Wachstum dieses Pilzes auf nicht krankhaft veränderten inneren oder äußeren Oberflächen kann aber andererseits bereits Ausdruck einer Krankheit sein. Aus diesen Gründen ist die diagnostische Bedeutung des kulturellen Pilzbefundes allein sehr problematisch. Der Versuch ist somit naheliegend, durch immunologische Befunde im Einzelfall den Pilznachweis in seiner diagnostischen Bedeutung zu unterbauen.

In unserem Fachgebiet deutet sich darüber hinaus im Rahmen der Bemühungen einer Ordnung ekzematöser Veränderungen nach den Ursachen die Möglichkeit an, das umstrittene Problem der ursächlichen Bedeutung von Candida — sei es als Antigen sei es als Erreger — für die Entstehung bzw. Unterhaltung des Ekzems, anzugehen. Ein Problem, das sich mit den Fragen umschreiben läßt: Ekzem, ausgelöst durch Candidapilze? Ekzem mit saprophytärer Candidabesiedlung? Ekzem mit sekundärer Candidamykose? Candidamykose mit sekundärer Ekzematisation? Für Ekzemstreuherde bzw. Candidide ergeben sich entsprechende Fragestellungen.

Zunächst hat aus unserem Kreise D. Janke (7) diese Problematik mit Hilfe der sogenannten „Serumfungistase" bearbeitet. Später entwickelte H. J. Heite (8) eine Methode zur quantitativen Erfassung von Hemmfaktoren des Candidawachstums im Serum. Diesen Bemühungen ist der

Versuch gemeinsam, mit Hilfe des Nachweises spezifischer oder unspezifischer Serumfaktoren die krankheitsspezifische Bedeutung von Candidapilzen im Einzelfall zu analysieren.

Im Gegensatz hierzu wollten wir untersuchen, ob bei der Candidamykose zellgebundene immunologische Phänomene auslösbar sind, die sich mit klinischen und mykologischen Befunden korrelieren lassen und somit einen Informationswert für die Diagnosestellung besitzen. Für die Tuberkulose liegt mit der Leukocytolyse durch Tuberkulin ein Modell vor, das uns geeignet erschien, auf die Candidamykose übertragen zu werden.

Mit Candida albicans und daraus hergestelltem Candidin wurden von uns Laboratoriumsuntersuchungen getrennt und mit unterschiedlicher Methode durchgeführt, und zwar an Leukocyten des Menschen unter A. BUCK und an Leukocyten experimentell sensibilisierter Meerschweinchen unter R. BICKHARDT. Die Zweigleisigkeit der Untersuchungen erschien deshalb zweckmäßig, weil bei dem Versuch, eine fragliche Candidainfektion durch eine neue Methode mit unbekanntem Aussagewert diagnostisch zu unterbauen, zunächst mit zwei Unbekannten gearbeitet wurde. Ob die untersuchten Patienten eine Candidamykose hatten, sollte durch Cytolysewerte erst erhärtet werden; andererseits war uns die diagnostische Bedeutung etwaiger Cytolysevorgänge nicht bekannt. Bei Meerschweinchen sind die Voraussetzungen insofern günstig, als sich bei ihnen eine Auseinandersetzung mit dem Antigen (durch intramuskuläre Injektion eines nichterhitzten Candida-Vollantigens mit Mineralöl und Emulgator als Adjuvans) erzwingen läßt, eine immunologische Auseinandersetzung, die in den meisten Fällen mit dem intracutanen Candidintest deutlich gemacht werden kann. So vorbehandelte und unvorbehandelte Tiere stellen in ihrer immunologischen Situation deutlich unterschiedene Kollektive dar.

Das Ergebnis, welches die Voraussetzung für die weiteren Untersuchungen bildete, möchten wir vorwegnehmen: Es läßt sich sowohl beim Menschen als auch beim Meerschweinchen eine candidin-spezifische Leukocytolyse in vitro auslösen.

Die Leukocytolyse wird als eine antigenspezifische Zellschädigung aufgefaßt, die in Gegenwart bestimmter Antigenmengen an weißen Zellen des peripheren Blutes innerhalb einiger Stunden zu erkennen ist. Um zu verdeutlichen, was in diesem Zusammenhang als „Cytolysephänomen" verstanden wird, sei kurz auf die Methodik eingegangen, die uns zu ihrer Erfassung diente (s. Abb. 1).

Für den Cytolyseversuch beim Menschen wurde das frisch entnommene, heparinisierte Vollblut mit Candidin (selbst hergestelltes, ultrabeschalltes Zellhomogenisat aus Subkulturen von Candida albicans, das unfiltriert, verdünnt zur Anwendung kommt) versetzt, bei 37°C inkubiert und in den nach bestimmten Zeitabschnitten hergestellten, nach Pappenheim gefärbten Ausstrichen das Verhältnis von Granulocyten zu Lymphocyten ermittelt. Die Differenz der Granulocyten auf je 100 Leukocyten zwischen dem

Versuchsansatz *mit* Candidin und einem Kontrollansatz *ohne* Candidin, bezogen auf die Granulocyten im Sofortausstrich, ergibt die prozentuale Cytolyse, wobei im Gegensatz zu den Tierversuchen hier nur die Granulocytolyse in Prozent bestimmt wird. Bei diesem Ausstrichverfahren muß aus methodischen Gründen eine − wie unsere Tierversuche deutlich machen − gleichzeitig sich abspielende Lymphocytolyse unberücksichtigt bleiben.

Da im Meerschweinchenblut die Lymphocyten gegenüber den Granulocyten bei weitem überwiegen, wurden in den Tierversuchen die Leukocyten nicht im Ausstrich, sondern in der Zählkammer ausgezählt. Auf diese Weise wurden die Cytolysewerte aus der Differenz der Leukocytenzahlen pro mm³, d. h. von Granulocyten und Lymphocyten zusammen, zu

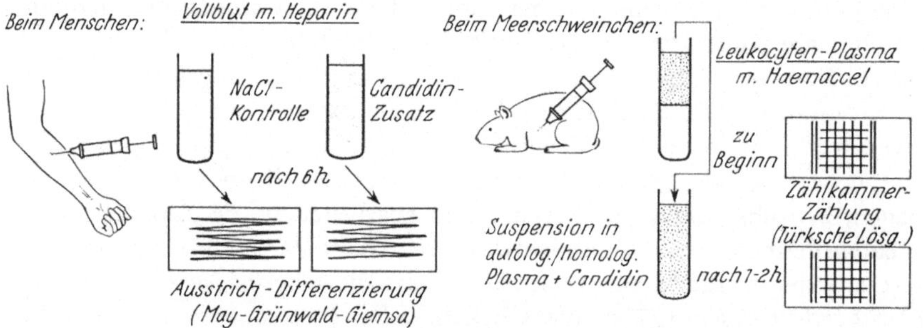

Abb. 1. Methodik der Leukocytolyse-Bestimmung
Beim Menschen als Differenz des prozentualen Abfalles der Granulocyten auf je 100 Leukocyten mit und ohne Candidin
Beim Meerschweinchen als Differenz der Leukocytenzahl vor und nach Antigeneinwirkung, ausgedrückt in Prozent des Ausgangswertes (s. Text)

Beginn des Versuches und nach kurzzeitiger Inkubation mit Candidin bestimmt. Das Candidin wurde nicht dem Vollblut, sondern Suspensionen separierter Leukocyten im autologen oder homologen Blutplasma zugesetzt. Hierdurch ergab sich die Möglichkeit, die Leukocytolyse in Gegenwart oder Abwesenheit bestimmter Serumfaktoren zu verfolgen. Derart differenzierte Cytolysewerte eines Meerschweinchens sind für einen charakteristischen Versuch in der Tabelle auf Seite 57 aufgeführt, wobei die erste Reihe die Cytolyse eines nichtsensibilisierten Tieres als Kontrolle wiedergibt.

Es ist ersichtlich, daß die Leukocyten eines nichtsensibilisierten Meerschweinchens im Serummilieu des normalen Tieres unter Candidinzusatz nur zu einem unbedeutenden Anteil (hier: 4%) der Lyse verfallen: das Resultat ist als negativ zu bewerten. Die Leukocyten des sensibilisierten Tieres hingegen werden in dem in der Tabelle wiedergegebenen Beispiel (A) im autologen Immunserum nach Candidinzusatz zu 44% aufgelöst. Daraus ist eine Candidin-spezifische Leukocytolyse offensichtlich.

Dieser wesentliche, im Prinzip bisher an 25 sensibilisierten Meerschweinchen übereinstimmend erhobene Befund erlaubt zunächst die Feststellung, daß beim experimentell sensibilisierten Versuchstier eine ähnliche immunologische Situation vorliegt wie bei unseren Candidamykosekranken, wie später zu zeigen sein wird.

Tabelle. *Differenzierte Leukocytolyse: Meerschweinchen Nr. 407*

Versuchsansätze und Cytolyseergebnisse aus dem Blut eines sensibilisierten Versuchstieres
mit Kontrollsystem (Ko)

A = System mit komplexer Cytolyse,
B = System mit direkter Cytolyse,
C_1 = System mit indirekter Cytolyse,
C_2 = Komplementkontrolle hierzu.

System	Komponenten im Versuchsansatz	Cytolyse-Bewertung
Ko	Normalzellen in Normalserum + Candidin:	4% = negativ
A	Immunzellen in Immunserum + Candidin:	44% = positiv
B	Immunzellen in Normalserum + Candidin: inaktiviert	27% = positiv
C_1	Normalzellen in Immunserum + Candidin:	27% = positiv
C_2	Normalzellen in Immunserum + Candidin: inaktiviert	5% = negativ

In diesem Zusammenhang sei auf die Ergebnisse einiger Untersuchungen
hingewiesen, die in der Absicht unternommen wurden, Aufschlüsse über den
Wirkungsmechanismus der Leukocytolyse zu erhalten. Wir haben uns dabei
von einer Vorstellung leiten lassen, die sich mit folgenden Fragen umreissen
läßt:

1. Wird die Candidin-Spätreaktion der Haut ausgelöst durch das Zusammentreffen des Antigens Candidin mit immunologisch kompetenten Zellen
(Lymphocyten, die ein antikörperähnliches Prinzip tragen)?
2. Läßt sich für diesen Vorgang, der sich gegebenenfalls in der Haut abspielt, ein Anhalt aus den Versuchsbedingungen in vitro gewinnen?

Diese Vorstellung, die eine primäre Schädigung der antikörpertragenden Zellen
impliziert, ließ uns erwarten, daß in erster Linie, wenn nicht allein, Lymphocyten von der
Lyse erfaßt würden. Wir mußten aber feststellen, daß zwar auch Lymphocyten, vorwiegend
jedoch Granulocyten, cytolytisch werden. Dieses Ergebnis stützt also nicht die Vermutung,
daß an der Cytolyse nur antikörperbildende Zellen beteiligt sind; es spricht vielmehr für
die Beteiligung antikörpertragender Zellen. Die weitere Analyse der Cytolyseversuche
ergab darüber hinaus Befunde, die anzeigen, daß für die Cytolyse nicht nur — wie wir
ursprünglich annahmen — Antigen und zellständige Antikörper eine Rolle spielen, sondern auch Serumfaktoren. Das wird aus Versuchssystemen deutlich, in denen die Candidincytolyse nach Austausch von Zellen und Serum zwischen einem sensibilisierten und einem
nichtsensibilisierten Meerschweinchen registriert wurde. Einerseits erfahren serumfrei
gewaschene Zellen eines sensibilisierten Tieres, wenn sie in homologem Normalserum
suspendiert, mit dem Antigen zusammengebracht werden, eine spezifische Cytolyse, auch
wenn das Serum (30 min/56° C) hitzeinaktiviert ist (vgl. Tabelle, B). Auf der anderen
Seite werden Leukocyten eines nichtsensibilisierten Tieres ebenso durch Candidin cytolysiert, wenn sie im Immunserum eines sensibilisierten Tieres suspendiert sind, aber nur
dann, wenn das Serum Komplement enthält (Tabelle, C_1 und C_2). Diese komplement-

abhängige, offensichtlich durch Serumantikörper vermittelte Cytolyse normaler Leukocyten liegt zahlenmäßig — gleicherweise wie die direkte Candidincytolyse gewaschener
Immunzellen — deutlich unter derjenigen von Leukocyten immunisierter Tiere in Gegenwart von Immunserum und Komplement (Tabelle, A).

Es läßt sich also, um das Ergebnis zusammenzufassen, beim Meerschweinchen neben der komplexen Leukocytolyse eine komplementbedingte
und eine anscheinend komplementunabhängige Cytolyse darstellen. Daraus

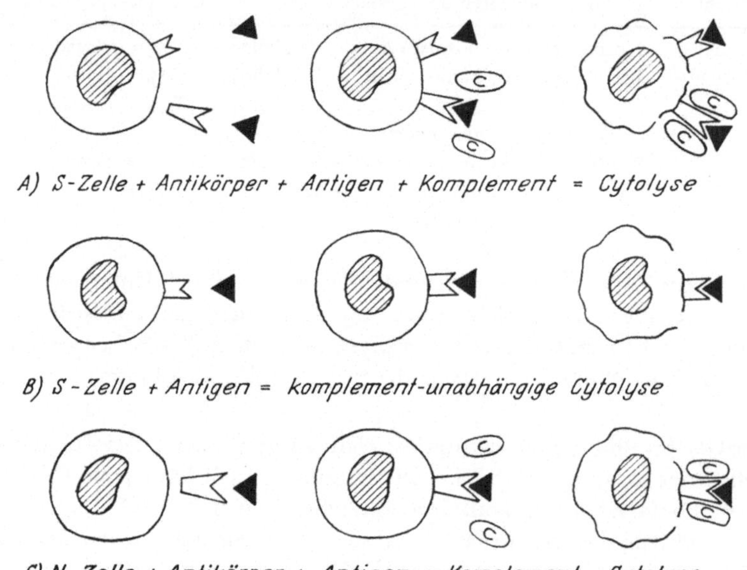

Abb. 2. Schema zum Mechanismus der Leukocytolyse
Theorie der Immuncytolyse in ihren 3 Erscheinungsformen. A) komplex, B) direkt und C) indirekt
Bezeichnung: S-Zelle = aus sensibilisiertem Organismus, N-Zelle = aus normalem Organismus
stammend

abgeleitete theoretische Vorstellungen über Mechanismen der Cytolyse in
ihren drei Erscheinungsformen (A, B und C), die den Systemen der komplexen, der direkten und der indirekten Cytolyse in vitro entsprechen, werden
in dem Schema der Abb. 2 skizziert.

Mit der für das Tier entwickelten, differenzierten Methode lassen sich
beim Menschen, wie Abb. 3 zeigt, prinzipiell gleichartige, auch in ihrer Höhe
vergleichbare Cytolyseergebnisse erzielen.

Damit kommen wir zu den an Leukocyten des Menschen gewonnenen
Befunden, die methodisch — wie eingangs beschrieben — anders gewonnen,
im Prinzip der beim Meerschweinchen gefundenen, komplexen Cytolyse
entsprechen, der wir für künftige diagnostische Routineuntersuchungen den

Vorzug geben. Wie bereits erwähnt, kam es uns bei den Cytolyseuntersuchungen an Patienten in erster Linie darauf an, festzustellen, ob die von uns ermittelte candidin-spezifische Leukocytolyse Korrelationen zur Klinik bzw. zu mykologischen Befunden erkennen läßt. Diese Frage können wir auf Grund unserer bisher an 140 Kranken und Gesunden durchgeführten Untersuchungen uneingeschränkt bejahen, wenn folgende fünf Kollektive gebildet werden:

I. Patienten mit Hauterscheinungen, die klinisch und kulturell einen für Candidamykose typischen Befund aufwiesen.

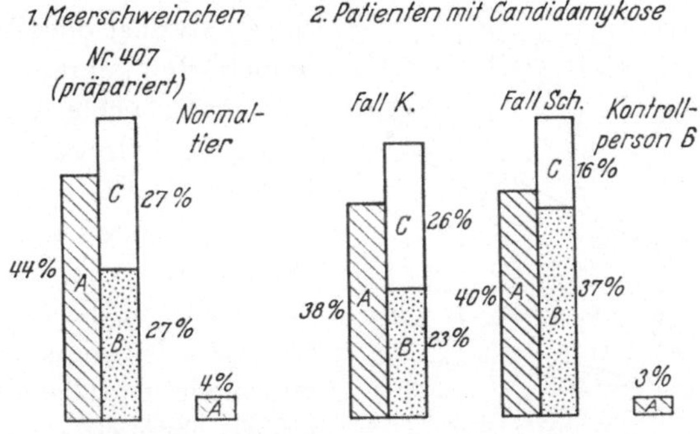

Abb. 3. Differenzierte Candidin-Leukocytolyse. Vergleich der Cytolysewerte in Einzeluntersuchungen mit gleicher Technik beim Versuchstier und beim Menschen
Cytolyse: A = komplex, B = direkt, C = indirekt

II. Patienten, deren Hauterscheinungen — aus denen Candidapilze gezüchtet wurden — für eine Candidamykose zwar nicht typisch waren, ohne daß sich aber das Vorliegen dieser Krankheit ausschließen ließ.

III. Patienten mit Hauterscheinungen, bei denen sich klinisch keine Anhaltspunkte für Candidamykose ergaben, aus deren Stuhl-, Vaginal- oder Zungenabstrich jedoch *Rein*kulturen von Candidapilzen zu züchten waren.

IV. Patienten mit Hauterscheinungen, bei denen sich vom klinischen her keine Anhaltspunkte für eine Candidamykose ergaben, aus deren Stuhl oder Zungenabstrich jedoch *vereinzelt* Kulturen von Candidapilzen zu züchten waren.

V. a) Patienten mit Hauterscheinungen, bei denen sich weder vom klinischen Befund noch vom Pilznachweis her ein Anhalt für eine Candidabesiedlung oder eine Candidamykose ergab.

b) Gesunde Kontrollpersonen mit negativem Pilzbefund.

Es wurden 37 Kranke der Gruppe I, 20 der Gruppe II sowie 12, 16 und 31 Probanden der Gruppen III, IV und V untersucht.

Die Cytolysewerte ergeben sich aus der Abb. 4, aus der sich weiterhin die unterschiedlichen Verlaufskurven der Cytolysedurchschnittswerte in % in

den verschiedenen Gruppen entnehmen lassen. Nach 6 Std. heben sich die
Gruppen I, II, III mit positiven kulturellen Befunden deutlich von den
Kontrollgruppen mit negativem Pilzbefund ab. Die höchsten Cytolysewerte
werden von der Gruppe I erreicht, d.h. von Patienten mit klinisch sicherer
Candidamykose und mit Nachweis von Candida albicans. Klinisch sichere
Candidamykosen der Gruppe I lassen sich von klinisch möglichen Candida-
mykosen der Gruppe II durch quantitative Unterschiede in der Cytolyse,

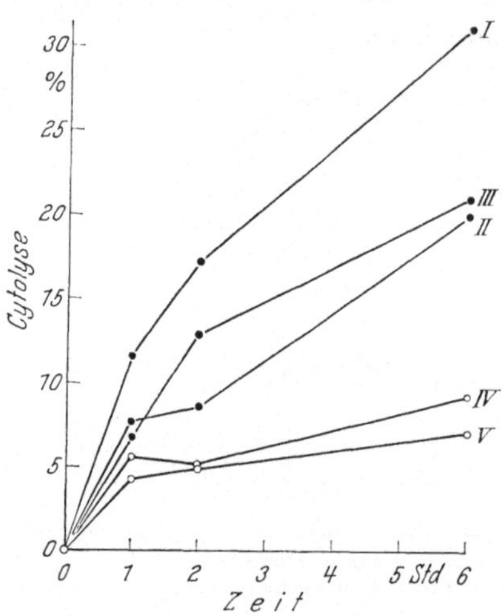

Abb.4.Verlaufskurven der Cytolyse-Durchschnitts-
werte nach Gruppeneinteilung für Candidin als
Antigen. Durchschnittlicher Cytolysegrad unter
Candidin in Zeitabhängigkeit. Nach 6 Std. unterscheiden sich die Gruppen I, II und III signifikant
von den Kontrollgruppen IV und V (vgl. Text)

zumindestens im Kollektiv, abgrenzen. Patienten ohne klinische Hinweise auf Candidamykose, aus deren
Stuhl-, Vaginal- oder Zungenabstrich
jedoch Reinkulturen von Candida
albicans zu züchten waren, reagierten
bezüglich Cytolyse quantitativ wie
Patienten der Gruppe II.

Die Gruppe I unterscheidet sich
signifikant von den übrigen Gruppen, während die Gruppe II gegen
Gruppe III keine signifikanten Unterschiede zeigt; beide Gruppen sind
jedoch ebenfalls – wie Gruppe I –
gegenüber den Kontrollgruppen IV
und V signifikant unterschieden. Die
Gruppen IV und V unterscheiden
sich nicht signifikant. Einzelheiten
über die statistische Sicherung dieser
Ergebnisse finden sich in der Dissertation von B. Flügler (5). Hervor-
zuheben sind die hohen Cytolyse-
werte der Gruppe III, deren Angehörige bei massiven kulturellen Befunden
keine klinischen Erscheinungen zeigen. Der Candidabefall stellt in dieser
Gruppe also nicht etwa nur eine bloße Besiedlung dar, sondern er hat immunologische Befunde entsprechend einer Candidamykose mit Krankheitserscheinungen hervorgerufen. Der Candidabefall kann in derartigen Fällen deshalb nicht als saprophytär abgetan werden; er hat vielmehr krankheitsspezifische Bedeutung insofern, als er mehr noch bedeutet als das Unvermögen
des Organismus, die Candidaausbreitung in Schranken zu halten. Wir möchten trotz der fehlenden morphologischen Kriterien, d.h. der Krankheitserscheinungen im Sinne einer Candidamykose, diesen Zustand als Candidamykose interpretieren.

Die Spezifität der Candidincytolyse konnte durch Kontrollversuche mit
Trichophytin als Antigen erhärtet werden, die bei 92 Probanden der fünf
Gruppen durchgeführt wurden. In sämtlichen fünf Gruppen ergaben sich

nahezu die gleichen niedrigen Cytolysewerte mit Trichophytin wie für die Kontrollen. Eine Korrelation der Leukocytolysewerte mit Candidin zu Ergebnissen von Candidintestungen an der Haut ließ sich nicht ermitteln. Da Einigkeit darüber besteht, daß Candidinhauttestungen keinen diagnostischen Wert haben, wir das aber für die Leukocytolyse annehmen, verwundert uns die Diskrepanz unter diesen Umständen nicht. Andererseits haben gerade unsere Cytolyseversuche beim Meerschweinchen die Beteiligung von Serumfaktoren an der Gesamtcytolyse dargetan, was gleicherweise für die Cytolyseergebnisse beim Menschen gilt. Die mangelnde Übereinstimmung zwischen Leukocytolyse und Candidinhauttest könnte darin ihre Erklärung finden im Hinblick auf die Arbeitshypothese, daß sich Spätreaktionen von Tuberkulintyp entwickeln durch ein Zusammentreffen von Candidin und Lymphocyten mit zellgebundenen, candidinspezifischen Antikörpern in der Cutis. Zur weiteren Aufklärung bedarf es hier der Heranziehung serologischer Untersuchungen unter Verwendung geeigneter Antigene aus Candida albicans.

Zusammenfassung

Eine candidinspezifische Cytolyse läßt sich an Leukocyten aus dem Blut von Menschen und von experimentell entsprechend sensibilisierten Meerschweinchen auslösen. Die Leukocytolyse, von der Granulocyten und Lymphocyten betroffen werden, stellt sich als ein komplexes Phänomen dar, das aus einem komplementabhängigen, offenbar durch Serumantikörper vermittelten und in einem zweiten, komplementunabhängigen Anteil besteht, der einer spezifischen Zellreaktivität entspricht.

Eine Korrelation zwischen den Cytolysewerten und klinischen bzw. kulturellen Befunden bei Patienten läßt sich statistisch sichern, nachdem die Probanden auf Grund klinischer und mykologischer Kriterien in fünf Kollektive aufgeteilt wurden. Die höchsten Cytolysewerte — hochsignifikant unterschieden von den Werten gesunder Kontrollpersonen ohne Pilzbefund — finden sich bei Menschen mit klinisch eindeutiger Candidamykose.

Bei massiver Schleimhautbesiedlung mit Candidapilzen sind die Cytolysewerte im Durchschnitt auch bei fehlenden Krankheitserscheinungen im Sinne einer Candidamykose erhöht. Unter diesen Umständen stellt der Candidabefall einen Krankheitsbefund dar.

Eine Korrelation zwischen Candidinhauttesten und Candidinleukocytolyse ließ sich mit den bisher verwendeten Antigenen nicht ermitteln.

Durch weitere Untersuchungen mit Hilfe der Zählkammermethode und Anwendung anderer Candidinzubereitungen soll versucht werden, die Spezifität der komplexen Candidincytolyse zu erhöhen und unter Heranziehung serologischer Methoden die Diskrepanz zu den Candidinhauttesten zu klären.

Literatur

BASSERMANN, F. J.: Vergleichende licht- und elektronenoptische Untersuchungen zur experimentellen Tuberkulinleukolyse. Beitr. Klin. Tuberk. **112**, 409 (1954).

BERDEL, W., und G. WIEDEMANN: Tuberkulinresistenz der Granulocyten als Aktivitäts-index der Tuberkulose. Beitr. Klin. Tuberk. **107**, 529 (1952).

FAVOUR, C. B.: Lytic effect of bacterial products on lymphocytes of tuberculous animals. Proc. Soc. exp. Biol. & Med. **65**, 269 (1947).

FAVOUR, C. B., P. FREMONT-SMITH and J. M. MILLER: Factors affecting the in vitro cytolysis of white blood cells by tuberculin. Amer. Rev. Tuberc. **60**, 212 (1949).

FLÜGLER, B.: Zur candidinspezifischen Leukocytolyse bei Candidamykose. Inaug.-Diss., Freiburg 1966.

FRADKIN, V. A.: Die Reaktion der neutrophilen Blutzellen als ein Hinweis auf die infektiöse und medikamentöse Allergie. Allergie u. Asthma **8**, 187 (1962).

JANKE, D.: ausführl. Literatur s. bei HEITE u. Mitarb.

HEITE, H.-J., A. BUCK und CH. LEHMANN: Quantitative Untersuchungen der fungi-statischen Aktivität menschlichen Serums gegen Candida albicans. Dermatologica **128**, 350–371 (1964).

SCHMID, F.: Die Tuberkulincytolyse. Beitr. Klin. Tuberk· **109**, 151 (1953).

SCHMID, F.: Immunbiologie der Tuberkulose. In: Handb. d. Kinderheilk. Bd. **V**, 646. Berlin–Göttingen–Heidelberg: Springer 1963.

WAKSMAN, B. H.: Cell lysis and related phenomena in hypersensitive reactions including immunohematologic diseases. Progr. Allergy 5, 215 (1958).

WAKSMAN, B. H., M. P. CARROLL and D. GAULITZ: Studies of cellular lysis in tuberculin sensitivity. Amer. Rev. Tuberc. **68**, 746 (1953).

WITTE, S.: Morphologische und serologische Studien über Tuberkulinwirkungen an Leukocyten in vitro. Beitr. Klin. Tuberk. **104**, 252 (1950).

Prof. Dr. K. W. KALKOFF
Dir. d. Hautklinik der Albert-Ludwigs-Univ.
78 Freiburg/Brsg.

Aus der Hautklinik der Albert-Ludwigs-Universität Freiburg i. Br.
(Direktor: Prof. Dr. K. W. KALKOFF)

Zur Serologie der Candidamykose

H.-J. HEITE

Mit 5 Abbildungen

Wenn man einer Pilznährlösung Serum eines gesunden Menschen bei-mischt, so erzielt man durch diesen Zusatz eine Verlangsamung des Wachs-tums von Candida albicans. Ausgangspunkt der Untersuchungen ist nun die Beobachtung, daß diese durch Serumbeimischung eintretende Hemmung des Candida albicans-Wachstums wesentlich geringer ausfällt, wenn das

Serum von einem an einer Candidamykose erkrankten Patienten stammt. Dieses Phänomen der offenbar von Mensch zu Mensch variierenden candidistatischen Aktivität des Serums wird im folgenden systematisch untersucht. Um das mehr oder weniger gehemmte Wachsen der Candida albicans quantitativ zu erfassen, wird die unterschiedliche Eintrübung beimpfter und unbeimpfter Serumnährlösungsmischungen in submersen Schüttelkulturen untersucht; die Differenz der Trübwerte repräsentiert dann, wie Kontrolluntersuchungen zeigen, mit ausreichender Genauigkeit die Wachstumsgeschwindigkeit der Candida albicans in dem jeweiligen Medium.

Um darüberhinaus die unterschiedliche Wachstumsgeschwindigkeit zahlenmäßig zu erfassen, dienen eine Reihe von Phenollösungen abgestufter Konzentration, die anstelle des Serums dem sonst gleichen Schüttelkulturansatz zugesetzt werden.

Zu Serum- oder Phenollösung bestimmter Konzentration wird eine nephelometrisch eingestellte Candida albicans-Sporensuspension bzw. physiologische Kochsalzlösung zugesetzt; dann wird jedem Ansatz 1 ml vierfach konzentrierter Nährlösung (enthaltend also 8% Maltose und 2% Pepton) sowie 1 ml physiologische Kochsalzlösung (um für bestimmte Fragestellungen die Zugabe weiterer Prüfsubstanzen zu ermöglichen) zugesetzt. Damit ergeben sich folgende Ansätze:

Versuch		*Eich-*		Ansatz
Prüf-	Kontroll-	Prüf-	Kontroll-	Röhrchen
Serum	Serum	Phenol	Phenol	1 ml
Cand. alb	NaCl	Cand. alb.	NaCl	+ 1 ml
Susp.		Susp.		
		8% Maltose und 2% Neopepton		+ 1 ml
		0,85% NaCl		+ 1 ml

Nach Bebrütung 18 Std. lang im Schüttelthermostaten bei 27 °C und Trübwertmessungen nach 14, 16, 18 und 20 Std. entstehen Kurven der Abb. 1, wenn als Abszisse die Bebrütungszeit in Stunden und als Ordinate die Trübwertdifferenz zwischen beimpften und unbeimpften Ansatz aufgetragen wird. Die dünn ausgezogenen Linien stellen die Phenoleichkurvenschar dar, entsprechend den Konzentrationen von 0,1 bis 0,6⁰/₀₀; die gestrichelten und stärker ausgezogenen Linien entsprechen 5 verschiedenen Patientenseren. Die mit „N" bezeichneten 3 Kurven gehören zu 3 Seren von gesunden Kontrollpersonen, bei denen die Candida albicans-Hemmung relativ stark ausgeprägt ist; die mit „Kr" bzw. „Kü" bezeichneten Seren stammen von 2 Patienten, die an einer Candidamykose erkrankt und massiv an der Haut und im Magendarmtrakt mit Candida albicans besiedelt waren.

Diese Methode der nephelometrischen Verfolgung der Wachstumsgeschwindigkeit in submersen Schüttelkulturen ist so empfindlich, daß es sogar gelingt, die geringen vom Magendarmkanal resorbierten Nystatinmengen als candidistatische Hemmwirkung nachzuweisen (BÜRGER und HEITE).

Es ist nun nicht schwierig, zu einem bestimmten Bebrütungszeitpunkt, z.B. nach 18 oder 20 Stunden, den Trübwert eines bestimmten Serumansatzes der entsprechenden Phenolkonzentration zuzuordnen (ggf. zu interpolieren), und auf diese Weise den wachstumshemmenden Effekt des betreffenden Serums in „Phenoläquivalenten" auszudrücken.

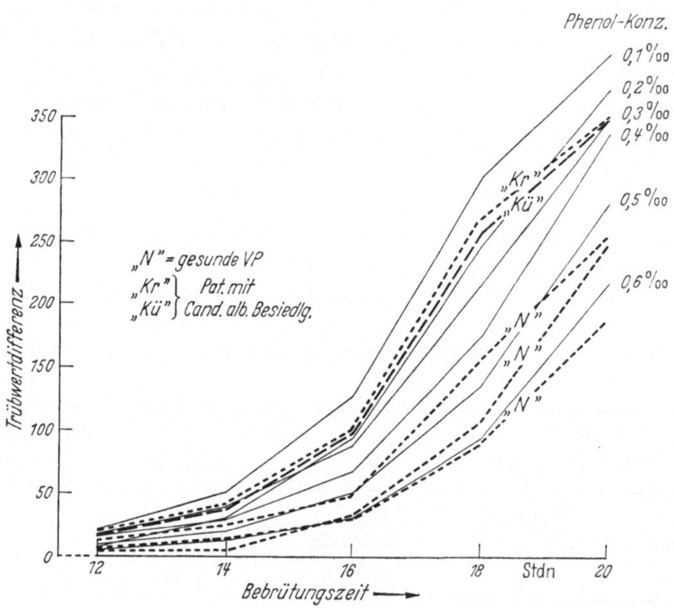

Abb. 1. Beispiel zur Bestimmung der candidistatischen Serumaktivität anhand der Trübwertdifferenz zwischen beimpftem und unbeimpftem Ansatz. Die dünnen Linien bedeuten den Phenoleichkurvenfächer. „N" bedeuten Seren von gesunden Versuchspersonen. „Kr" und „Kü" sind die Trübwertkurven von Patienten mit massiver Candidamykose

Über dieses Prinzip einer semiquantitativen Bestimmung der candidistatischen Kraft eines Serums haben wir gemeinsam mit Buck und Lehmann berichtet. Unter der Voraussetzung, daß man stets den gleichen Candida albicans-Stamm benutzt, die Sporensuspension durch Abschwemmen von einer frisch überimpften, genau 3 Tage alten Kultur gewinnt, ferner die Einsaatmenge, Bebrütungstemperatur, Amplitude und Frequenz des Schüttelns der submersen Kultur konstant hält und man die zur Einsaat benutzte Candida albicans-Suspension nephelometrisch einstellt, erhält man für eine Versuchsperiode von etlichen Wochen recht gut reproduzierbare Resultate. Für eine solche Versuchsperiode kann man auch einen Grenzwert der candidistatischen Serumaktivität (in Phenoläquivalenten) angeben, oberhalb dessen eine Candida albicans-Besiedlung der Patienten in der Regel vermißt wird, unterhalb dessen ein Candida-Befall regelmäßig gefunden wird. Es sieht also so aus, als ob bei Nachlassen der candidistatischen Kraft des Serums und Absinken des Serumtiters unter einen bestimmten Grenzwert die Menschen anfangen zu „verpilzen".

In weiteren Versuchen suchten wir die Standardisierung der nur semiquantitativen Bestimmung anhand des Phenoläquivalenzwertes zu verbes-

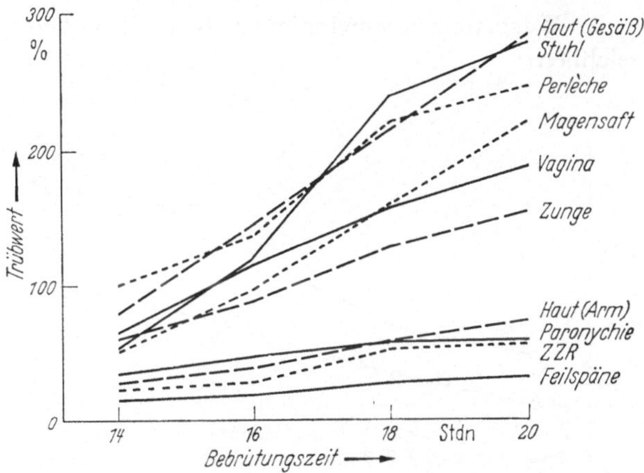

Abb. 2. Hemmwirkung des gleichen Serums auf verschiedene Candida-albicans-Stämme

sern, ferner den candidistatischen Titer des Serums therapeutisch zu beeinflussen und schließlich die Art des candidistatischen Serumfaktors näher zu charakterisieren.

Zur *Standardisierung* reicht der Vergleich mit dem Phenoläquivalenzwert nicht aus. Bereits aus der Abb. 1 geht hervor, daß die Serumkurven „N" oder „Kr" den Phenoleichkurven nicht völlig parallel laufen; zwischen der 18. und 20. Stunde zeigen die Serumkurven durchweg einen geringeren Anstieg als die entsprechenden Phenolkurven. Versuche, das Phenol durch andere candidizid wirkende Stoffe zu ersetzen, z.B. Borsäure, führen zu keiner Verbesserung. Die Vergleichbarkeit der Serum- und Phenolkurven ist daher limitiert. Weiterhin läßt sich zeigen, daß nicht nur die Wachstumsgeschwindigkeit selbst (d.h. die Steilheit des Anstiegs der sich ergebenden Trübwertdifferenzkurven) von der Einsaatmenge an Candida albicans-Sporensuspension abhängt, sondern auch der erzielte Phenoläquivalenzwert.

Verschiedene Candida albicans-Stämme werden von ein und dem gleichen Serum sehr unterschiedlich stark gehemmt. In Abb. 2 werden 10 verschiedene Stämme — von verschiedenen Patienten und verschiedenen Körperbereichen isoliert — in ihrer Wachstumshemmung durch ein und dasselbe Serum untersucht. Es ergeben sich alle Übergänge von sehr starker Hemmung bis nahezu ungebremstem Wachstum. Daraus folgt, daß die

Phenoläquivalenzwerte nur relative Gültigkeit für einen bestimmten benutzten Teststamm haben. Der Zahlenwert für die candidistatische Kraft eines Normal-Serums (in Phenolaequivalenten) muß für jede Versuchsperiode durch Untersuchung von Seren gesunder Personen eigens eruiert werden. Die Dauer einer solchen Versuchsperiode mit relativ konstanten Verhältnissen ist aber durch den schließlich einsetzenden Pleomorphismus des in zahlreichen Subkulturen fortgezüchteten Teststammes begrenzt. Auch jahreszeitliche Änderungen der Wachstumsgeschwindigkeit bzw. Phenolempfindlichkeit sind zu verzeichnen.

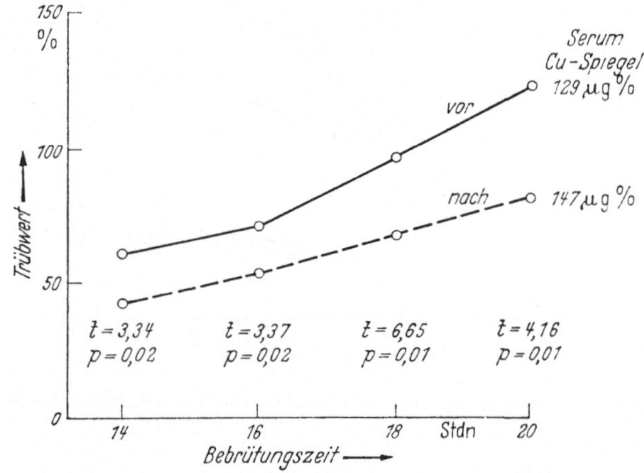

Abb. 3. Verlust der candidistatischen Wirkung durch Verdünnen des Serums

Weitere Versuche beschäftigen sich mit der Beeinflussung des candidistatischen Serumtiters durch *therapeutische Eingriffe* (Vitamin-C, Eisen, unspezifische Reizkörpertherapie).

In einer Versuchsserie von 23 Patienten wird an 2 verschiedenen Tagen jeweils morgens Nüchternblut entnommen und nach der ersten Entnahme 500 mg Ascorbinsäure intravenös gegeben. Es ergibt sich, wie zu erwarten, kein Einfluß auf den candidistatischen Serumtiter; die Versuche zeigen aber, daß der Mittelwert aus mehreren Patienten ausgezeichnet reproduzierbar ist; die mittleren Trübwertkurven decken sich fast auf Strichbreite.

Des weiteren haben wir den Einfluß einer oralen Eisengabe geprüft. Nicht selten ist (z.B. beim Plummer-Vinson-Syndrom) eine Candida-albicans-Besiedlung kombiniert mit einem Serumeisenmangel; es erschien daher nicht abwegig, den Einfluß einer oralen Eisengabe auf den candidistatischen Serumtiter zu prüfen. Gleichzeitig haben wir bei den 13 Versuchspersonen den Eisenspiegel vor und 2 Stunden nach Gabe von 320 mg Ferro-Glykokollsulfat geprüft. Während im Durchschnitt der Eisenspiegel von 92 µg% auf 161 µg% ansteigt, zeigt sich kein Einfluß auf den candidistatischen Serumtiter.

Eine Beeinflussung ergibt sich jedoch durch Bluttransfusionen, unspezifische Reizkörpertherapie und Behandlung mit künstlichem Fieber. In Abb. 3 sind die Trübwertanstiegskurven vor und nach dreimaliger Pyrexal-fieberbehandlung (im Abstand von je 2 Tagen) aufgeführt. Gleichzeitig wird der Serumkupferspiegel bestimmt, der im Durchschnitt von 129 μg% *vor* der Behandlung auf 147 μg% *nach* der Behandlung ansteigt. Außerdem tritt ein signifikanter Anstieg der candidistatischen Serumaktivität ein, erkennbar an einem flacheren Verlauf der Eintrübungskurve. Durch eine systematische Fieberbehandlung gelingt es also, den candidistatischen Serumtiter

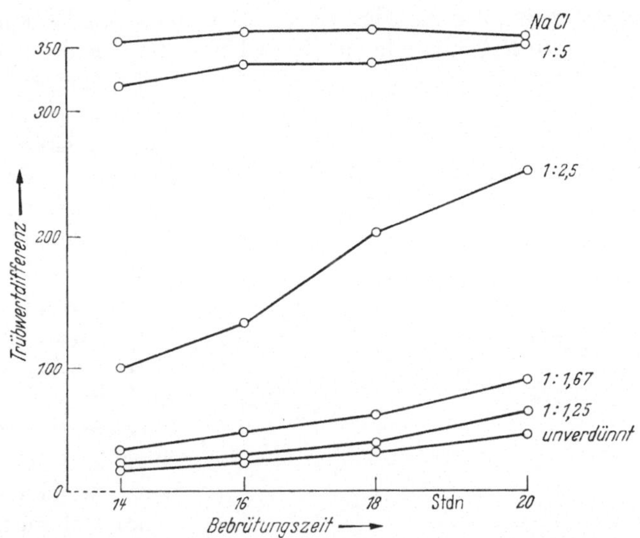

Abb. 4. Candida albicans-Wachstum vor und nach dreimaliger Pyrexal-Fieberbehandlung in 6 Tagen (Mittelwert von 6 Patienten)

eindeutig zu erhöhen. Inwieweit dies in sachlichem Zusammenhang mit der gleichzeitig eintretenden Erhöhung des Kupferspiegels im Serum steht, bedarf weiterer Untersuchung.

Schließlich suchten wir näheren Aufschluß über die *Art des candidistatisch wirkenden Serumfaktors* zu erhalten. Zunächst wird untersucht, wie sich die candidistatische Aktivität bei Verdünnen des Serums verändert (Abb. 4). Hierzu wird von einem Ansatz mit 2 ml Serum ausgegangen und in weiteren Ansätzen die Serummenge auf 1,6 ml, 1,2 ml, 0,8 ml, 0,4 ml reduziert und auf jeweils 2 ml mit Kochsalzlösung aufgefüllt. Auf diese Weise entstehen die Verdünnungsstufen, die auf der rechten Seite der Abb. 4 aufgeführt sind. Man erkennt, daß eine Verdünnung auf etwa das Zweifache bereits einen erheblichen candidistatischen Wirkungsverlust mit sich bringt, eine Verdünnung auf das Fünffache hingegen kaum noch eine candidistatische Wirkung erkennen läßt und nicht nennenswert von der NaCl-Kontrolle differiert. Damit unterscheiden sich die candidistatischen Serumfaktoren bereits sehr erheblich von den echten Antikörpern, die bekanntlich wesentlich stärkere Verdünnungen bis zum Negativ-Werden der Nachweisreaktionen ertragen.

Wir haben ferner geprüft, ob das Serum eines Patienten auf *den* Candida albicans-Stamm, der von dem Patienten selbst isoliert wurde, vielleicht eine stärkere Wirkung ausüben würde, als auf einen „Fremd-Stamm", der also von einem anderen Patienten gezüchtet wurde. In solchen systematischen Vergleichen der candidistatischen Wirkung auf einen *körpereigenen* und auf einen *körperfremden* Stamm zeigt sich, daß niemals ein Wirkungsunterschied deutlich wird. Auch in diesen Versuchen findet sich also kein Anhalt dafür, daß es spezifisch gegen einen bestimmten Candida albicans-Stamm gerichtete Stoffe sind, die sich an der candidistatischen Wirksamkeit des Serums beteiligen.

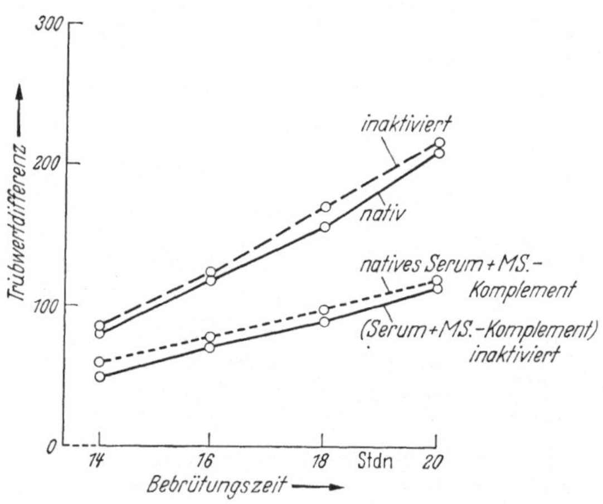

Abb. 5. Einfluß von Inaktivierung und Komplementzusatz auf die candidistatische Serumwirkung (Mittelwertkurven von 10 Patienten)

Die Frage, ob sich Unterschiede zwischen Plasma und Serum finden, wird in einer eigenen Versuchsreihe an 10 Patienten geprüft. Hierzu wird Frischblut mit $^1/_{10}$ seines Volumens Vetren versetzt und dadurch ungerinnbar gemacht. Das so gewonnene Vetrenplasma wird nicht nur mit dem nativen Serum verglichen, sondern auch mit Serum, dem in gleicher Konzentration Vetrenlösung bzw. Kochsalzlösung zugesetzt worden war. Zwar ergeben sich Unterschiede zwischen Plasma und Serum, die jedoch dadurch befriedigend erklärt werden können, daß das Plasma durch den Vetrenzusatz ein wenig (auf 110 %) verdünnt worden war. Vergleicht man dagegen das Plasma mit einer entsprechenden Serumverdünnung, sei es mit Vetren, sei es mit Kochsalzlösung, so treten keine wesentlichen Unterschiede auf. Die grobdispersen Eiweißstoffe, die das Plasma zusätzlich gegenüber dem Serum enthält, sind also für die candidistatische Wirksamkeit nicht verantwortlich zu machen.

Des weiteren wird die sehr wichtige Frage geprüft, ob durch Inaktivierung des Serums oder durch Zusatz fremden Komplementes eine Beeinflussung der candidistatischen Serumaktivität eintritt.

Die Ergebnisse dieser Versuchsreihe an 10 Patienten zeigt die Abb. 5. Die oberen beiden Kurven lassen erkennen, daß kein Unterschied zwischen dem nativen und dem inaktivierten (d. h. 30 Minuten nach 56 °C erhitztem) Serum bestehen. Setzt man Meerschweinchen-Komplement dem nativen Serum zu, so ergibt sich allerdings eine Verstärkung der candidistatischen Aktivität. Diese läßt sich aber durch abermalige Inaktivierung nicht rückgängig machen, wie die beiden unteren Kurven der Abb. 5 zeigen. Wir möchten die Kurven so deuten, daß das Komplement enthaltende Meerschweinchen-Serum candidistatische Wirkstoffe enthält, so daß sein Zusatz zum menschlichen Serum dessen candidistatische Wirkung verbessert. Ist auch das Meerschweinchenserum hinsichtlich der candidistatischen Aktivität unempfindlich gegen Inaktivierung. Erhitzt man dagegen das Serum höher als 56 °C und länger als 30 Minuten, dann lassen sich eindeutige Aktivitätsverluste nachweisen.

Eine weitere umfangreiche Versuchsserie beschäftigt sich mit der Frage, ob durch Ultrafiltration oder durch Kochen und Abzentrifugieren der darüberstehenden Flüssigkeit (sog. „Serumkochsaft") die candidistatische Serumaktivität vollständig vernichtet wird. Die Versuche führen zu widersprüchlichen Ergebnissen. Bei etlichen Seren ist weder im Ultrafiltrat noch im Kochsaft irgendeine candidistatische Aktivität nachweisbar. In anderen Seren dagegen ist im Kochsaft noch eine eindeutige, wenn auch merklich herabgeminderte candidistatische Wirksamkeit nachweisbar.

Das candidistatische Serumprinzip ist also durch Inaktivieren mit Sicherheit nicht zu zerstören. Durch höhere Temperaturen und längeres Erhitzen findet man zwar einen deutlichen, aber nur partiellen Wirkungsverlust. Selbst durch kurzzeitiges Aufkochen und Enteiweißen gelingt es vielfach nicht, das candidistatische Wirkungsprinzip vollständig zu zerstören.

Dies entspricht den Ergebnissen etlicher amerikanischer Arbeiten; so berichtet z. B. Roth (1959 und 1961), daß die candidistatische Serumaktivität durch Inaktivieren bei 56 °C nur wenig verändert wird, aber vollständig zerstört wird durch Erhitzen auf 60 °C für 2 Stunden. Louria und Brayton berichten, daß noch nach Erhitzen auf 70 °C von 1 Stunde die candidistatische Aktivität teilweise erhalten ist. Auch nach Dialyse des Serums durch Kollodiummembranen soll die Substanz im Dialysat noch nachweisbar sein. Weiterhin konnte festgestellt werden, daß der candidistatische Faktor sowohl mit den α- als auch mit den β-Globulinen in der Elektrophorese wandert. Weder in der Albuminfraktion noch in der γ-Globulinfraktion soll die candidistatische Aktivität vorhanden sein. Durch Dialyse und Ultrafiltration konnte es wahrscheinlich gemacht werden, daß das Molekulargewicht der Substanz etwa zwischen 10 000 und 20 000 liegt, es sich also offenbar um ein kleineres Proteinmolekül oder um ein Gemisch von Polypeptiden handelt. Allerdings ist zur Kritik dieser amerikanischen Untersuchungen zu sagen, daß die Autoren im wesentlichen nur geprüft haben, ob überhaupt in den einzelnen, verschieden aufbereiteten Serumfraktionen noch eine candidistatische Aktivität nachweisbar war. Eine zumindest halbquantitative Bestimmungsmethode, wie wir sie durch den Vergleich mit einer Phenoleichkurvenschar anstreben, wurde nicht benutzt.

Die Natur des im normalen Serum vorhandenen candidistatischen Wirkungsprinzips ist daher vorerst noch unbekannt. Immerhin erscheint es angesichts der relativen Thermostabilität und auch auf Grund der Dialyseversuche wahrscheinlich, daß es sich nicht um einen echten Antikörper, sondern um einen unspezifisch wirksamen Stoff (bzw. ein Stoff-gemisch) handelt, der möglicherweise zur Gruppe des Properdin-Komplementsystems gehört. Allerdings muß dann angenommen werden, daß das vollständige und intakte Komplement zur candidistatischen Wirksamkeit nicht erforderlich ist.

Die methodische Weiterentwicklung der Bestimmung des candidi-statischen Titers eines Serums könnte daher nach methodischer Vervoll-kommnung, insbesondere hinsichtlich absoluter Standardisierung, eine interessierende klinisch-diagnostische Methode werden.

Zusammenfassung

Die candidistatische Aktivität menschlicher Seren wird dadurch unter-sucht, daß die Eintrübung submerser Schüttelkulturen, bestehend aus beimpften (zur Kontrolle auch unbeimpften) Serum-Nährlösungsmischun-gen nephelometrisch verfolgt wurde. Eine Standardisierung wird durch Vergleich mit Phenol-Eichkurven-Ansätzen und zahlenmäßiger Angabe der candidistatischen Wirkung in Phenoläquivalenten versucht. Es wird dar-gelegt, inwieweit diese Standardisierung noch nicht befriedigt, so daß für jede Versuchsperiode mit einem bestimmten Teststamm normale mensch-liche Seren zum Vergleich herangezogen werden müssen.

Der candidistatische Serumtiter läßt sich durch Vitamin C oder Eisen nicht beeinflussen, wird aber durch Bluttransfusionen, unspezifische Reiz-körpertherapie, insbesondere Pyrexal-Fieberkuren erhöht.

Versuche zur Charakterisierung des candidistatischen Serumfaktors er-gaben, daß der Faktor komplementunabhängig ist, durch Inaktivierung des Serums nicht zerstört oder gemindert wird, durch längeres Erhitzen zwar Wirkungsverluste erleidet, aber auch durch kurzfristiges Aufkochen in der Regel noch nicht gänzlich zerstört wird.

Literatur

Heite, H.-J., und L. Bürger: Zur chemotherapeutischen Wirksamkeit von Nystatin bei der Candidamykose des Menschen. Arch. klin. exper. derm. **222**, 202 (1965).

Heite, H.-J., A. Buck und Ch. Lehmann: Quantitative Untersuchungen der fungi-statischen Aktivität menschlichen Serums gegen Candida albicans. Dermatologica **128**, 350 (1964).

Louria, D. B., und R. G. Brayton: Substanze in blood lethal for Candida albicans. Nature **201**, 309 (1964).

Roth, F. J., C. C. Boyd, S. Sagami und H. Blank: An Evaluation of the fungistatic activity of serum. J. invest. Derm. **32**, 549 (1959).

Roth, F. J.: Mechanismen of fungal pathogenity. Mycopathologia (Den Haag) **14**, 230 (1961).

Prof. Dr. med. H.-J. Heite
Univ. Hautklinik
78 Freiburg/Brsg.

Aus der Hautklinik der Medizinischen Akademie Erfurt
(Direktor: Prof. Dr. med. habil. H. G. Piper)

Wachstum von Candida-Arten auf isolierten Organen von normalen und gegen Candida immunisierten Versuchstieren

H. A. Koch

Biologische Untersuchungen an Hefen, insbesondere der Gattung Candida, führen oft zu uneinheitlichen Ergebnissen, wenn mit Stämmen gearbeitet wird, die unterschiedlich lange Zeit auf künstlichen Nährböden gehalten werden. Offenbar erfahren manche Candida-Arten im Laufe längerer Kultivierung physiologische Änderungen, z. B. in ihren Gäreigenschaften oder in der Ausbildung typischer Pseudomycel-Formen. Am Beispiel der von Svobodova (5, 6) entwickelten Bestimmungsverfahren, kann gezeigt werden, daß nur frisch aus tierischem oder menschlichem Untersuchungsmaterial isolierte Stämme diese typischen Eigenschaften besitzen, während längere Zeit in der Sammlung gezüchtete Hefen sich hin und wieder anders verhalten. Bei den vorliegenden Untersuchungen sind wir ursprünglich davon ausgegangen, ein Verfahren zu finden, um alte Sammlungsstämme in die parasitäre Phase zu überführen und dann mit frisch isolierten Formen zu vergleichen. Da Tierpassagen (Ratten, Meerschweinchen und Kaninchen) nur bei wenigen Candida-Arten zum Erfolg führen (2, 3), haben wir versucht, die parasitäre Phase auf isolierten tierischen Organen anzuzüchten. Wir verwendeten zunächst Blut, Hirn, Leber, Darm, Milz, Muskeln und Fett von Ratten und Meerschweinchen. Es zeigte sich jedoch schnell, daß besonders die Leber zur Züchtung von Hefen gut geeignet ist. Wir entnehmen frisch getöteten Meerschweinchen oder Ratten die Leber unter möglichst sterilen Bedingungen. Dabei ist wichtig, daß die Tiere nicht durch Ätherdämpfe oder andere Narkotika getötet werden, sondern daß dies durch Genickschlag geschieht.

Die frisch entnommene Leber wird im ganzen oder in kleinen Stücken in sterilen Petrischalen mit den Hefepilzen beimpft. Die Schalen werden bei Temperaturen zwischen 25° und 27° aufbewahrt. Bereits nach 5—6 Stunden haben die meisten Candida-Arten sich so stark vermehrt, daß sie als weißlicher Belag sichtbar sind. Es scheint gleichgültig zu sein, ob man die Hefen mittels einer Platinöse oder in Form einer wäßrigen Aufschwemmung mit einer Pipette verimpft.

Folgende Candida-Arten wurden von uns auf Leber gezüchtet*): Candida albicans, tropicalis, pseudotropicalis, parapsilosis, pelliculosa, guillermondi, mycoderma, robusta, lypolytica und krusei.

---

*) Für die Überprüfung bzw. die Überlassung geeigneter Candida-Stämme danke ich Frau Dr. Svobodová/Bratislava sehr herzlich.

Fast alle Stämme bilden auf Leber einen dicken, weißlichen oder weiß-grauen Belag. Meist ist dieser Belag glatt, bei C. krusei und C. lypolytica oft mehr oder weniger stark gefaltet, mitunter cerebriform.

Trotz aller Vorsichtsmaßnahmen ist es meist nicht zu vermeiden, daß diese Kulturen durch Bakterien verunreinigen. Um die verimpften Hefestämme rein zu reisolieren, haben wir Abimpfungen auf Platten sehr dünn ausgestrichen und dann Einzelkolonien über-impft oder die Stämme in Raulinscher Lösung gereinigt. Ein Zusatz von Antibiotica, z.B. Penicillin und Streptomycin zu den Aufschwemmungen, bevor sie auf die Organe verimpft werden, hat sich nicht bewährt. Bei Nachbestimmung der verimpften Hefen prüften wir auch anhand der Filamentationsmethode (Svobodová [6]). Dabei zeigte sich, daß diese Stämme wieder typische Pseudomycelien bilden.

Ferner haben wir untersucht, ob sich ein Anti-Candida-Titer der Ver-suchstiere auf das Wachstum der Pilze auf den isolierten Organen auswirkt.

Wir benutzten für diese Versuche Meerschweinchen, Ratten und Kaninchen, wobei auf einheitliches Tiermaterial Wert gelegt wurde. Folgende Arten wurden überprüft: C. albicans, tropicalis, krusei, parapsilosis, pseudotropicalis und guillermondii. Von diesen Stämmen wurden durch Abschwemmung von Kulturen Suspensionen hergestellt, diese mit 0,3% Formalin abgetötet, dann mit gepufferter physiologischer Kochsalzlösung gewaschen und auf eine Zelldichte von 8—9 Mill./ml eingestellt. Mit diesen jeweils frisch hergestellten Aufschwemmungen immunisierten wir die Versuchstiere, bis im Verlaufe von 4 bis 6 Wochen Agglutinationstiter von ca. 1 : 350 bis 1 : 500 erreicht waren. Die Titerbestimmung wurde als Mikroeinstellung vorgenommen (Seeliger [4]). Die Blut-entnahme erfolgte aus dem retroorbitalen Venenplexus (Nöller [1]). Wenn die ange-führten Titer erreicht waren, entnahmen wir die Leber und beimpften Teile davon mit jeweils einer der untersuchten Candida-Arten. Beurteilt wurde das makroskopisch sicht-bare Wachstum nach 24 und 48 Stunden sowie die Histologie der Organe.

Es zeigt sich, daß die Hefen auf den Lebern der immunisierten Tiere genau so schnell und genau so üppig wachsen wie bei den Kontrollen. Dabei ist es gleichgültig, ob die Immunisierung gegen die gleiche oder eine andere Candida-Art voigenommen wird.

Mikroskopisch ergibt sich, daß die Hefen auf der Oberfläche der Leber zahlreiche Blastosporen bilden und in der Tiefe des Substrates Mycel for-men. Auch dabei ist es gleichgültig, ob die Hefen auf den Lebern normaler oder immunisierter Versuchstiere wachsen. In einigen Fällen, z.B. bei Candida tropicalis, scheint die mittlere Zellgröße beim Wachstum auf Lebern von immunisierten Tieren kleiner zu sein als beim Wachstum auf Lebern normaler Tiere, jedoch ließ sich dieser Befund bisher nicht statistisch ab-sichern. Da diese Versuchsergebnisse zunächst überraschen, haben wir einigen normalen und immunisierten Tieren lebende Candida-Suspensionen in die Leber verimpft. Innerhalb von 3 Tagen bilden sich hier Abszesse mit starker Vermehrung der Pilze. Bereits am 4. Tag nach der Infektion waren Abszesse mit Hefen in den Nieren feststellbar. Auch in diesen Fällen ergaben sich keine Differenzen zwischen normalen und immunisierten Versuchstieren.

Wir möchten vorerst davon Abstand nehmen, allgemeine Schlußfolgerungen aus diesen Versuchen zu ziehen. Wir glauben, daß dies erst geschehen sollte, wenn wir diese Untersuchungen durch weitere Versuche abrunden können.

Zusammenfassung

10 Arten der Gattung Candida werden auf isolierten Lebern von Ratten, Meerschweinchen und Kaninchen gezüchtet. Die Hefen wachsen auf den Lebern gut an; dabei ist es gleichgültig, ob es sich um normale oder experimentell gegen Candida-Arten immunisierte Versuchstiere handelt.

Literatur

1. Nöller, H. G.: Die Blutentnahme aus dem retroorbitalen Venenplexus. Klin. Wschr. **33**, 770 (1955).
2. Schirren, C.: Pathogenitätsnachweis von Hefepilzen bei verschiedenen Tierarten. Vortrag Hamburg 1962 in: Hefepilze als Krankheitserreger bei Mensch und Tier. Berlin-Göttingen Heidelberg: Springer 1963.
3. Schirren, C., H. Rieth und H. Koch: Tierexperimentelle Untersuchungen zur Pathogenität von Hefepilzen. Arch. klin. exp. Derm. **210**, 86 (1960).
4. Seeliger, H. P. R.: Immunbiologisch-serologische Nachweisverfahren bei Pilzerkrankungen. In: Handbuch Haut- u. Geschl.-Krankh., Ergänzungswerk IV/4 (1963).
5. Svobodová, Y.: Rýchla identifikácia niektorých kvasinkovitých mikroorganizmov pre petreby medicinskej praxe. Cs. dermatologie XXXVIII, 4, 257 (1963).
6. Svobodová. Y.: Die Filamentationsmethode und ihre Bedeutung für die schnelle Diagnostik der imperfekten Hefen/Cryptococcaceen. Vortrag: Mykologen-Tagung, Leipzig 1964 i. litt.

Dr. H. A. Koch
Mykologische Abteilung, Medizinische Akademie
Erfurt, Hautklinik, Kl. Gottwaldstr. 34

Aus der Universitäts-Hautklinik, Göttingen
(Direktor: Prof. Dr. H. G. Bode)

Gewebsreaktion auf Infektion mit Cryptococcus neoformans

M. Nietzki

Mit 1 Abbildung

In der Literatur wurden bisher etwa 500 Krankheitsfälle von Cryptococcose beschrieben. Dabei fällt bei den verschiedenen Verlaufsformen die Häufigkeit dieser Pilzinfektion des Zentralen Nervensystems auf, während eine Hautbeteiligung nur in etwa 15% der publizierten Fälle beobachtet wurde. Isolierte Hautcryptococcosen wurden wenig beschrieben.

Die Beantwortung der Fragen, wann es überhaupt zu einer Infektion kommt und wo die Eintrittspforte des Cryptococcus neoformans zu suchen ist, bereitet große Schwierigkeiten. Als Voraussetzung zum Angehen der Infektion auf Haut und Schleimhaut wird von vielen Autoren eine Herabsetzung der Resistenz des Organismus gefordert. In der Literatur wird ein

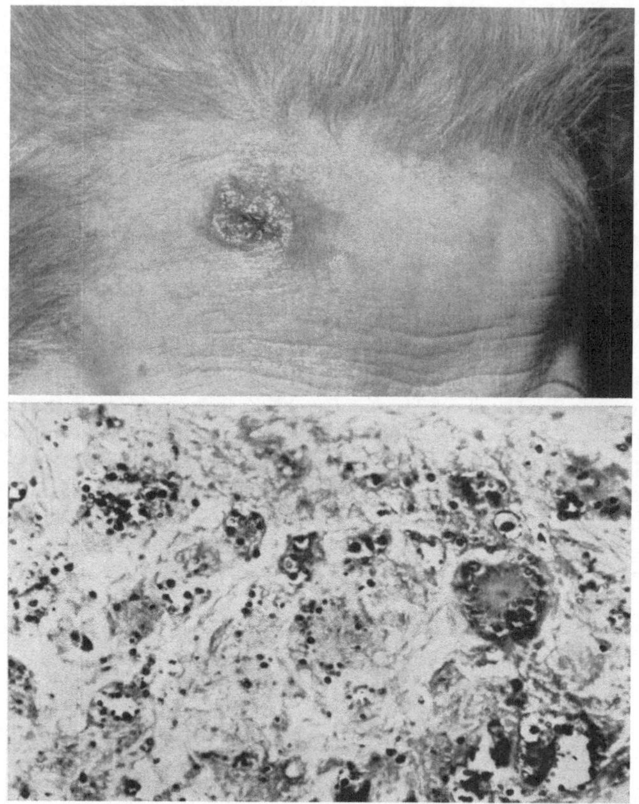

Abb. Cryptococcus-Herd an der Stirn. Erreger im histologischen Schnitt. Färbung: PAS-Alcianblau. Vergrößerung: mikroskopisch 100fach.

großer Teil der publizierten Fälle als sekundäre Erkrankung aufgefaßt. Dabei darf jedoch der Begriff „sekundär" nicht als zweitrangig interpretiert werden, denn aus zahlreichen Arbeiten geht hervor, daß im Krankheitsablauf die Cryptococcose als Zweitkrankheit die Ersterkrankung in ihrer biologischen Bedeutung gewissermaßen überspielt und zum Tode geführt hat.

Eigene Beobachtung: Wir konnten im Verlauf eines Dreivierteljahres eine 64jährige blinde Patientin mit einer isolierten Hautcryptococcose ohne

Anzeichen für eine Beteiligung innerer Organe, insbesondere des Zentralen Nervensystems, beobachten. Es konnte nicht geklärt werden, ob die Haut die Eintrittspforte war.

Die Patientin ist einerseits bezüglich inhalativer oder nutritiver Infektion nicht milieugefährdet (keine Landwirtschaft), aber andererseits durch ihr Blindsein häufiger Traumen ausgesetzt. Eine entsprechend durchgeführte Inspektion der Wohnverhältnisse trug zur Klärung der Ätiologie nicht bei. Familienanamnese unauffällig. Erblindung infolge ätiologisch nicht mehr zu klärender Hornhautulcera in der Kindheit. Ein eventueller Zusammenhang mit der Cryptococcose wurde von der Universitäts-Augenklinik mit Sicherheit abgelehnt. Sonst war die Patientin nie krank.

Seit Mitte November 1963 besteht ein 5-markstückgroßer lupusähnlicher Herd (Abb.) an der rechten Stirn, der vom Hausarzt als Zoster gedeutet wurde. Der hinzugezogene Hautarzt sandte eine Biopsie unter der Verdachtsdiagnose „Lupus" ein.

Im feingeweblichen Schnitt sieht man unter einer gedehnten und verdünnten Epidermis ein das Corium bis in Höhe der Schweißdrüsen durchsetzendes, entzündliches Infiltrat mit Epitheloid- und zahlreichen Riesenzellen vom Fremdkörper- und Langhanstyp. Lymphozyten, untermischt mit einzelnen eosinophilen Leukozyten, treten im Infiltrat völlig zurück. Das ortsständige Bindegewebe ist nur noch in spärlichen Resten vorhanden. In den Epitheloidzellen, mehr noch in den Riesenzellen, aber auch extrazellulär finden sich reichlich Hefezellen, die im HE-Schnitt von einem hellen Hof umgeben sind, der sich bei Spezialfärbung als Kapsel darstellt. Der Erregergehalt des tuberkuloid bis sarkoid erscheinenden Granulationsgewebes ist sehr groß.

Aus Gewebsproben konnte eine gelblich-hellbräunliche Hefe mit glatter Oberfläche isoliert werden. Auf Reisagar verschieden große Blastosporen. Kapseldarstellung mittels Tusche und Spezialfärbung. Durch Zuckerassimilations- und Fermentationsmethoden und durch Tierversuche konnte der Erreger als Cryptococcus neoformans identifiziert werden.

Es bestanden multiple Lymphknotenschwellungen an beiden Halsseiten, in der rechten Axilla und rechten Leistenbeuge. Die histologische Untersuchung eines exzidierten Lymphknotens ergab nach Beurteilung des Pathologischen Institutes einen Epitheloidzelltuberkel mit Riesenzellen selten geringer Verkäsung ohne Anhalt für eine Mykose. Am ehesten wurde eine Sarkoidose angenommen.

Bei Röntgenuntersuchung der Lunge fand sich eine alte Oberlappentuberkulose. Hochgradige Tuberkulinempfindlichkeit, bis 1 : 1 Mill. Ausgiebige Röntgenuntersuchungen des knöchernen Skeletts, auch zum Ausschluß einer Sarkoidose, und gezielte Untersuchungen der inneren Organe ergaben keinen pathologischen Befund.

Aus unseren Laborbefunden erscheint bemerkenswert, daß Kulturverfahren von Blut, Urin, Liquor, Sternalmark und Lymphknoten mykologisch negativ verliefen.

Im Hinblick auf die Annahme von STAIB, daß eine Erhöhung des Gehaltes an Gesamt-Rest-Stickstoff im Serum das Wachstum von Hefen begünstige, wurde die Bestimmung des Harnstoffs und Kreatinins durchgeführt. Die Werte lagen im Normbereich.

7*

Herr Prof. Seeliger hat freundlicherweise unsere Diagnose mykologisch bestätigt und ergänzend serologische Untersuchungen durchgeführt: Die Agglutinationsreaktion mit Cr. n. war mit 1 : 20 positiv, Präzipitation fraglich positiv, Titer im Normbereich.

Eigene mykologische Untersuchungen wurden durch Tierversuche ergänzt. Mäuse starben nach intraperitonealer Verimpfung einer Sporenaufschwemmung nach 8—16 Tagen. Histologisch und kulturell gelang der Erregernachweis aus Lunge, Gehirn, Leber, Milz und Peritoneum.

Bei histologischen Untersuchungen der Tierorgane erscheint sehr interessant die Reaktionslosigkeit des umgebenden Gewebes bei Cryptococcoseherden im Gehirn trotz schwerer Zerstörung. In Lunge, Leber und Peritoneum findet sich betont in Gefäßnachbarschaft eine vornehmlich histo-lymphozytäre Infiltration mit reichlich Hefezellen, örtlich vermehrt in umschriebenen Zonen, die gelatinös und aufgehellt sind. Die Milz ist diffus durchsetzt. Im histologischen Bild nach intrakutaner Verimpfung erkennt man ebenfalls eine granulierende Entzündung mit reichlich Hefezellen.

5 Tage nach intra- und epikutaner Verimpfung der Sporenaufschwemmung beim Kaninchen gelang noch die Rekultivierung, ab diesem Zeitpunkt waren im Gewebsausstrich nur noch vereinzelt erhaltene Erreger und massenhaft Kapselreste vorhanden. Histologisch Zeichen einer unspezifischen Entzündung.

Von der Rekultur auf Reisagar verimpft war die Andeutung eines rudimentären Pseudomycels durch Aneinanderlagerung von etwa 3—4 elongierten Zellen festzustellen, wie es auch von Littmann und Zimmerman unter „bestimmten Bedingungen" beschrieben wurde.

Da es sich bei der Patientin um eine isolierte Hautcryptococcose handelte, war die Exzision des Herdes vorgesehen, was jedoch von der Patientin, wie auch eine weitere stationäre Behandlung, abgelehnt wurde. Eine Amphotericin-B-Behandlung kam daher auch nicht zur Anwendung.

Bewußt wurde unter der Möglichkeit von Kontrollen zu einer Jodkalibehandlung von insgesamt 60 g eine lokale Steroidbehandlung unter Folienabschluß durchgeführt. Hierunter trat eine mäßige Rückbildung der Entzündung und Glättung des Herdes ein, auch histologisch in der Abnahme des Infiltrates sichtbar. Hefezellen waren noch reichlich vorhanden und rekultivierbar.

Anläßlich eines Hausbesuches bei der Patientin in ihrem Heimatort vor 6 Wochen stellte ich fest, daß der Hautherd heller und narbiger geworden war, und unter dem Hautniveau lag.

Zusammenfassung

Es wird über eine Patientin mit einer isolierten Hautcryptococcose berichtet. Diese hat sich als Zweitkrankheit bei einer alten Lungentuberkulose entwickelt, der wir auf Grund der hohen Tuberkulinempfindlichkeit auch den Lymphknotenbefund im Sinne der Schüppelschen Lymphome zuordnen.

Interessant ist der Vergleich mit den histologischen Veränderungen beim Tier, bei denen eine granulierende Entzündung mit Erregerreichtum in den Infiltratansammlungen — örtlich als gelatinöse und aufgehellte Zonen erscheinend — das Bild prägt. Bei der Patientin ist die sarkoide Entwicklungsrichtung 4 Wochen nach Entstehung schon deutlich ausgeprägt, während der Herd noch überreichen Erregergehalt aufweist. Wir sehen hierin einen Hinweis darauf, daß sich zusätzlich zu der der Cryptococcose eigenen Tendenz, im späten Ablauf tuberkuloide Strukturen hervorzurufen, hier im Gewebsbild gleichzeitig die Disposition zur sarkoiden Reaktionsweise dokumentiert, die sich ja auch im Rahmen ihrer Tuberkulose unter dem Bilde der SCHÜPPELschen Lymphome erkennen läßt. Der feingewebliche Ablauf ist also offenbar gleichzeitig bei unserer Patientin im Sinne der Réaction cutanée mitgeprägt.

Literatur

BAZEX, A., P. SALVADOR, A. DUPRÉ et B. CHRISTOL: Cryptoccose cutanée et thoracique. Bull. Soc. franc. Dermat. **69**, 473 (1963).

BRIER, A., C. MOPPER et I. STONE: Cutaneus Cryptococcosis. Arch. Derm. **75**, 262–263 (1957).

CAWLEY, ED., R. GREKIN and A. CURTIS: Torulosis. The Journal of Investigative Dermatology **14**, 327–341 (1950).

CONANT, N. F., D. T. SMITH and E. D. etal BAKER: Manual of Mycology, Philadelphia und London (1955).

CROUNSE, R., and A. LERNER: Cryptococcosis. Arch. Derm. **77**, 210–215 (1958).

DROUHET, E., P. MARTIN, L. BRUMPT and J. DEBRAY: Cutane meningeale und viscerale Cryptococcose u. maligne Reticulose. Presse méd. **69**, 1983 (1961).

FAAS, W.: Zur Behandlung der isolierten Cryptococcus-neoformans-Infektion der Lunge. In: Hefepilze als Krankheitserreger bei Mensch und Tier, S. 48. Berlin-Göttingen-Heidelberg: Springer 1963.

FEGELER, F., und S. RITTER: Erfogreiche Amphotericin-B-Behandlung einer Cryptococcose der Haut und des ZNS. Hefepilze als Krankheitserreger bei Mensch und Tier, S. 58. Berlin-Göttingen-Heidelberg: Springer 1963.

FÖLDVÁRI, F., und E. FLÓRIAN: Erfahrungen bei 15 Fällen von Blastomykose. Hautarzt **6**, 294 (1955).

FREEMAN, W.: Cryptococcosis. Tr. Am. Neurol. **43**, 236 (1931).

GANDY, W.: Primary Cutaneous Cryptococcosis. Arch. Derm. **62**, 97 (1950).

GÖTZ, H.: Fortschritte der medizinischen Mykologie (II.) Hautarzt **4**, 145 (193).

JOHNSON, M. L.: Cryptococcosis Complicating Boeck's Sarkoid. A.M.A. Arch. Derm. **80**, 371–372 (1950).

KÄRCHNER, K. H.: Die europ. Blastomykose von BUSSE-BUSCHKE. Ergänzungsband z. Handbuch v. JADASOHN, Bd. IV, **4**, S. 79.

LAAS, E., und W. GEIGER: Cryptococcosis. Dtsch. Z. Nervenheilk. **159**, 314 (1948).

LITTMAN, L. M., and L. E. ZIMMERMAN: Cryptococcosis. New York and London (1956).

MOORE, M.: Cryptococcosis with cutaneous Manifestations. J. invest. Dermatology **28**, 159 (1957).

MÜLLER, HILSCHER: Cryptococcose unter dem Bilde einer Lymphogranulomatose.

RIETH, H., und A. Y. EL-FIKI: Renaissance der animalen Mykologie. Berliner und Münchn. Tierärztl. Wschr. **71**, 391 (1958).

Seeliger, H. P. R.: Mykologische Berichte. Med. Mitt. Schering **19**, 69 (1958).

Staib, F.: Das Vorkommen von Cryptococcus-Arten bei Stubenvögeln in Hefepilzen als Krankheitserreger bei Mensch und Tier, S. 45. Berlin-Göttingen-Heidelberg: Springer 1963.

Staib, F., und J. Zissler: Sproßpilze, insbesondere Cryptococcus neoformans und menschliches Serum. Z. f. H. u. G. XXV, S. 145.

Wesenberg, W.: Zum Problem der Formvariation von Cryptococcus neoformans bei isoliertem Lungenbefall. In: Hefepilze als Krankheitserreger bei Mensch und Tier, S. 52. Berlin-Göttingen-Heidelberg: Springer 1963.

Zimmerman, L. E., and H. Rappaport: The occurence of cryptococcosis in patients with malignant disease of the reticulo-endothelial System. Am. J. Clin. Path. **24**, 1050–1072 (1954).

Dr. M. Nietzki
Universitäts-Hautklinik
34 Göttingen
v. Sieboldstraße 3

Aus dem Pathologischen Institut der Universität Hamburg)
(Direktor: Prof. Dr. Dr. h. c. C. Krauspe)

Die Resistenz des Makroorganismus und die Lungen-Pneumocystose bei Mensch und Tier

G. Pliess

Auf der 2. Tagung der Gesellschaft in Hamburg 1962 habe ich über Pneumocystis carinii berichtet. Im Anschluß daran ist zum Verständnis unserer weiteren Untersuchungen die Arbeitshypothese zu zitieren, nach der wir seit 1959 unsere Untersuchungen orientieren: Pneumocystis carinii ist ein einzelliger Mikroorganismus, der durch Virusbefall von Hefen entsteht. Pneumocystis ist in dieser Auffassung lediglich die Umschreibung für Hefen in der Phase der Lysogenie bzw. Virogenie — in Analogie zum Bakteriophagenbefall der Bakterien.

Die Besiedlung der Lungenalveolen mit Pneumocystis, also die Pneumocystose, ist nach den bisherigen Erfahrungen von zwei Faktoren abhängig: von der Virulenz der Pneumocystenart und von der Resistenz des Makroorganismus. Virulente Pneumocysten waren sehr wahrscheinlich die Ursache des epidemischen Auftretens der interstitiellen plasmazellulären Säuglingspneumonie in den Jahren zwischen 1938 und 1958. Man könnte daran denken, daß hier der Befall einer bestimmten Heferasse mit einem bestimmten Virus die hohe Infektiosität und Mortalität bedingte. Auf der anderen Seite steht die jahrelange Erfahrung, daß das biologische Prinzip „Pneumocystis“

ubiquitär verbreitet ist. Darauf beruht das Auftreten von sporadischen Fällen der Pneumocystose bei Säuglingen, Kindern und Erwachsenen. Bei den sporadischen Pneumocystosen spielt offensichtlich ein Resistenzverlust des Makroorganismus die entscheidende pathogenetische Rolle.

Der Resistenzverlust ist meist bedingt durch Hypogammaglobulinaemie, Blut- und Knochenmarkserkrankungen, Infektionskrankheiten, darunter vor allem generalisierte Cytomegalie. Auch bei der Lymphogranulomatose des Erwachsenen kann im Finalstadium eine Pneumocystose der Lungen auftreten. In einem uns überlassenen Falle*) fanden wir makroskopisch einen hochgradigen Befall beider Lungen, stellenweise mit kavernösem Zerfall des von Pneumocystis infiltrierten Lungengewebes. Mikroskopisch waren nicht nur massenhaft Pneumocysten in Alveolen, sondern auch in interalveolären Septen nachzuweisen. Sogar die Wandungen kleiner Lungengefäße bestanden nur noch aus Pneumocysten, die bis unter das Endothel vorgedrungen und zum Teil auch das Gefäßlumen verschlossen hatten. Bei diesem 46jährigen Manne hatte 14 Jahre lang eine Lymphogranulomatose bestanden. Die ersten röntgenologischen Lungenveränderungen waren zwei Jahre vor dem Tode aufgetreten.

Die sporadische Pneumocystose tritt auch bei Kindern auf, die über längere Zeit mit Cortison behandelt werden. Mit diesem Befund ergibt sich die Analogie zur experimentellen Ratten-Pneumocystose, die durch tägliche Cortisongaben über einen längeren Zeitraum provoziert werden kann. Die Rattenpneumocysten verhalten sich allerdings serologisch anders als die Pneumocysten bei der epidemischen plasmazellulären Säuglingspneumonie.

Die experimentelle Pneumocystose läßt sich durch einen Resistenzverlust der Versuchstiere provozieren. In dieser Hinsicht wirken pathogen: Röntgentiefenbestrahlung der Lungen, Avitaminose C, Kaliummangeldiät. Neuerdings fand FUCHS im Pathologischen Institut der Universität Leipzig elektronenoptisch eine Pneumocystose bei einer mit Cumarin behandelten, erwachsenen Ratte. In eigenen Versuchen sahen wir, daß länger dauernde Vigantolbehandlung von Jungratten zu einer geringen Lungen-Pneumocystose führt.

Am einfachsten und deutlichsten kann bei der Jungratte die Pneumocystose durch wochenlange tägliche Cortisol-Behandlung provoziert werden. Nach unseren Untersuchungen verläuft die Pathogenese in der Weise, daß nach einer Alveolarzellschwellung Schaumzellherde in den Alveolen auftreten. Durch den Zerfall der Schaumzellen wird die bis dahin latente Infektion der Rattenlunge mit Pneumocystis zum Befund einer tapezierenden oder die Alveolen ausfüllenden Pneumocystose propagiert.

In unseren Experimenten konnten wir die Cortisol-Pneumocystose der Jungratte durch zusätzliche Gaben von Vigantol oder Thyroxin deutlich verstärken. Das Ergebnis der kombinierten Cortisol-Thyroxin-Medikation

---

*) Herrn Dr. med. HÜSSELMANN, Direktor des Pathologischen Institutes am Allgemeinen Krankenhaus Hamburg-Harburg, danke ich für die freundliche Überlassung des Falles.

fällt kaum anders aus, wenn den Ratten zusätzlich Polybion und Vogan zur Vitamin-Substituierung verabreicht wird. Unter therapeutischen Gesichtspunkten führten wir am Ende der 7. Cortisol-Behandlungs-Woche Aerosol-Inhalationen mit Fermenthemmern durch. Im Vergleich zu Kontrollratten fanden wir, daß durch die Inhalation des Protease-Hemmers Trasylol die Alveolarzellschwellung und das Auftreten von Schaumzellherden begünstigt wird. Auf dieser Basis ergibt sich sekundär eine beträchtliche Verstärkung der Pneumocystose. Im Gegensatz dazu steht der Effekt nach Inhalation des Esterasehemmers Mintacol (organischer Phosphatester). Mintacol-Inhalation hemmt intravital die in den Pneumocysten histochemisch sehr reichlich nachweisbare Aktivität an unspezifischer Esterase. Außerdem zerfallen die dünnwandigen Pneumocysten sehr rasch. Auf die therapeutische Anwendungsmöglichkeit beim Menschen habe ich vor kurzem auf dem Kongreß der Deutschen Gesellschaft für Kinderheilkunde in München aufmerksam gemacht.

Erwähnenswert ist aber noch ein weiterer Befund: Nach kombinierter Cortisol-Thyroxin-Behandlung der Jungratten finden sich in den Lungenalveolen vor allem dickwandige Pneumocysten. Auch die Pneumocysten, die nach mehrtägiger Mintacol-Behandlung noch restieren, entsprechen fast ausschließlich dickwandigen Pneumocysten, die eine intensive Rotfärbung nach Gridley ergeben. Wir vermuten in diesem Phänomen eine Art von Selektionsprozeß resistenterer Pneumocystis-Formen. Andeutungsweise sei erwähnt, daß sich hier möglicherweise ein neuer Ansatz zu Züchtungsversuchen ergibt.

Somit ist festzustellen, daß die sporadische und experimentelle Lungen-Pneumocystose bei Mensch und Tier wahrscheinlich durch einen Resistenzverlust des Alveolarepithels bedingt ist. Die Resistenz des Alveolarepithels ist wiederum abhängig von der allgemeinen Resistenzlage des Makroorganismus, die durch heterogene Spontanerkrankungen und Umwelteinflüsse beeinflußt wird. Es wäre wünschenswert, auch bei der Pneumocystose nach dem „Generalnenner" zu suchen, wie dies für die Candidamykose von Heite durchgeführt wurde. Doch steht derartigen Versuchen zunächst noch das Hindernis entgegen, daß Pneumocystis carinii noch nicht außerhalb des Makroorganismus zu züchten ist.

Zusammenfassung

Bei der sporadischen Pneumocystose des Menschen und bei der experimentellen Rattenpneumocystose spielt die Resistenz des Alveolarepithels eine bedeutende Rolle. Diese wird von der Resistenzlage des Makroorganismus beeinflußt. Im Experiment wird die Pneumocystose durch langdauernde Cortisol-Behandlung propagiert. Die Besiedlung der Alveolen mit Pneumocystis carinii wird bei der Jungratte verstärkt, wenn gleichzeitig mit dem

Cortisol eine Behandlung mit Vigantol oder Thyroxin durchgeführt wird. Auch die Inhalation des Protease-Hemmstoffes Trasylol verstärkt die Pneumocystose. Dagegen werden durch die Inhalation des Esterase-Hemmstoffes Mintacol dünnwandige Pneumocystis-Formen vernichtet; dickwandige Pneumocysten erweisen sich als resistent.

Literatur

FUCHS, U.: Persönliche Mitteilung.

HEITE, H.-J.: s. diesen Band, S. 62.

PLIESS, G.: Die Problematik der Pneumocystis carinii und der Pneumocystose bei Mensch und Tier. In: Hefepilze als Krankheitserreger bei Mensch und Tier, S. 108. Berlin-Göttingen-Heidelberg: Springer 1963.

–, Therapie der experimentellen Ratten-Pneumocystose. Mschr. Kinderheilk. **113**,239 (1965).

–, H. KETELS-HARKEN und K. SCHNIEBER: Der Einfluß intravitaler Esterasehemmung auf die Cortisol-Pneumonie der Ratte. Virchows Arch. path. Anat. **337**, 279 (1963).

–, und K. SEIFERT: Elektronenoptische Befunde bei experimenteller Pneumocystose. Beitr. path. Anat. **120**, 399 (1959).

SEIFERT, K., und G. PLIESS: Beitrag zum Entwicklungszyklus von Pneumocystis carinii auf Grund vergleichend elektronenoptischer und histochemischer Untersuchungen. Beitr. path. Anat. **123**, 412 (1960).

Prof. Dr. med. G. PLIESS
Vorstand des Pathologischen
Instituts der Stadt Nürnberg
85 Nürnberg, Flurstraße 17

Aus der Universitäts-Hautklinik Hamburg-Eppendorf
(Direktor: Prof. Dr. Dr. J. KIMMIG)

Hämagglutinationsreaktion zur Diagnose von Candida-Infektionen

JOH. MEYER-ROHN

Da Candida albicans genau wie andere Mikroorganismen auch als Antigen die Produktion von Antikörpern induzieren kann, liegt es nahe, bei generalisierten Candidainfektionen den Antikörpernachweis auf serologischem Weg zu führen. Zunächst versuchten wir den Nachweis nach dem Prinzip der Komplementbindungsreaktion, wobei wir als Antigen eine standardisierte Aufschwemmung mehrerer Candidastämme benutzten, die wir zur Extraktverbesserung einer Ultraschallbehandlung unterzogen hatten. Die Ergebnisse waren weitgehend unspezifisch und erlaubten keine Aussagen hinsichtlich der Entscheidung Saprophytismus oder Parasitismus. Da auch weitere Bemühungen einer Extraktverbesserung — ein gutes Antigen ist bekanntlich die Voraussetzung der KBR — nicht zum Ziele führten, wandten wir uns einer anderen serologischen Methode zu: dem Hämagglutinationstest.

Der Test beruht auf folgendem Prinzip: Erythrozyten verschiedener Tierspezies können durch verschiedene Mikroorganismen agglutiniert werden. So werden bei einigen Krankheiten (Influenza, Mumps, Masern, Variola u. a.) Erythrozyten bestimmter Spezies durch Bestandteile im Patientenserum agglutiniert. Erythozyten präsentieren ferner eine Oberfläche, an die viele Antigenarten adsorbiert werden können. Solche beladenen Zellen agglutinieren, wenn sie mit Antikörpern gemischt werden, die für die Antigene an der Oberfläche spezifisch sind. Damit gehören die Hämagglutinationstests zu den Absorptionsreaktionen.

Unseren Test bauten wir so auf, daß wir einmal Patientenserum mit Kaninchenblutkörperchen und zum anderen Kaninchenserum mit den Erythrozyten des Patienten agglutinierten. Das Kaninchen mußte mit dem Candidastamm des Patienten vorsensibilisiert sein: damit wird der Test spezifisch und erlaubt im positiven Fall die Aussage, daß Candida als Krankheitserreger angesehen werden muß.

Vorversuch: Von dem von Patienten isolierten Candidastamm werden 10 Normalösen in 10 ml sterile physiologische NaCl-Lösung eingerieben und von dieser Suspension 2 Kaninchen mit je 1 ml i. v. infiziert. Nach ca. 3 Tagen werden durch Herzpunktion 4 ml Blut entnommen, das mit 1 ml einer 2%igen Oxalatlösung gemischt wird. Serum und Erythrozyten werden getrennt; die Erythrozyten werden zwei mal mit physiologischer NaCl-Lösung gewaschen und anschließend eine 2%ige Kaninchen-Erythrozyten-Aufschwemmung hergestellt. — Analog wird Patienten-Oxalatblut in Serum und Erythrozyten getrennt und wie oben bis zur Herstellung einer 2%igen Patienten-Erythozyten-Aufschwemmung verarbeitet. Zur Kontrolle dient das Serum einer gesunden Person.

Hauptversuch: 4 Versuchsreihen werden angesetzt und zwar in Serumverdünnungen von 1 : 2 bis 1 : 128; die Agglutination wird nun vorgenommen zwischen dem Serum des Patienten + Kaninchenerythrozyten, Kaninchenserum + Patientenerythrozyten etc., wie aus der Tabelle ersichtlich.

Tabelle. *Hämagglutinationsversuch*

	Serumverdünnungen						
	1 : 2	1 : 4	1 : 8	1 : 16	1 : 32	1 : 64	1 : 128
Patientenserum + Kaninchen-Erythrozyten . . .	+++	+++	+++	+++	++	+	Ø
Kaninchenserum + Patienten-Erythrozyten . . .	+	±	Ø	Ø	Ø	Ø	Ø
Normalserum + Kaninchen-Erythrozyten . . .	Ø	Ø	Ø	Ø	Ø	Ø	Ø
Kaninchenserum + Normal-Erythrozyten	Ø	Ø	Ø	Ø	Ø	Ø	Ø

Der Ansatz wird bei 37°C inkubiert und nach 16 Std. abgelesen.

Die schwachen Reaktionen zwischen Kaninchenserum und Patienten-Erythrozyten deuten wir so, daß die Candida-Sepsis des Kaninchens so foudroyant verläuft, daß humoral nur wenige Antikörper vorhanden sind. Demgegenüber besteht die Candidainfektion beim Menschen schon monate- oder jahrelang mit reichlich humoral nachweisbaren Antikörpern.

Wir haben diesen Test bei 5 generalisierten Candidiasisfällen, 35 lokalisierten Candidabefunden und 48 Normalpersonen durchgeführt und konnten folgende Resultate erzielen:

	positiv	*negativ*	*zweifelhaft*	*Zahl der Patienten*
generalisierte Candidiasis	100%	—	—	5
lokalisierte Candidabefunde . . .	7%	82%	11%	35
gesunde Kontrollen	4%	90%	6%	48

Zusammenfassung

Es wird eine direkte Hämagglutionationsreaktion angegeben, bei der Patientenserum mit den Erythozyten spezifisch vorsensibilisierter Kaninchen agglutiniert wird. Die Ergebnisse bei 5 generalisierten Candidiasisfällen, 35 lokalisierten Candidabefunden und 48 gesunden Kontrollpersonen werden mitgeteilt.

Literatur

Jawetz, E., J. L. Melnick und E. A. Adelberg: Medizinische Mikrobiologie, S. 166 u. 392. Berlin-Göttingen-Heidelberg: Springer 1963.
Meyer-Rohn, J.: Moniliasis der Mundschleimhaut. Hautarzt 5, 112 (1954).

Prof. Dr. Joh. Meyer-Rohn
Universitäts Hautklinik
2 Hamburg-Eppendorf

Aus dem Hygiene-Institut der Philipps-Universität Marburg/Lahn
(Direktor: Prof. Dr. R. Siegert)

Der Hämagglutinationstest in der Candida-Serologie*

H.-L. Müller

Mit 1 Abbildung

Der Nachweis von Antikörpern ist bei tiefen Mykosen ebensowenig zuverlässig wie bei oberflächlichen Mykosen. Diese unbefriedigende Erfahrung beruht wohl darauf, daß die in der Routinediagnostik meist angewendete Komplementbindungsreaktion (KBR) zu unempfindlich ist. Auf der Suche nach einer wesentlich empfindlicheren Methode haben einige Autoren, wie Norden (4), Martin (1), Seeliger (7), Pospisil (5) sowie Vogel und Collins (9), den in der Virologie und Bakteriologie weitverbreiteten Hämagglutinationstest auch in der Pilzserologie verwendet. Er hat sich trotz seiner höheren Empfindlichkeit bisher in der Routinediagnostik nicht durchgesetzt, weil man ihm eine erhöhte Unspezifität nachsagt. Im Gegensatz zu dieser Meinung stehen allerdings Befunde von Vogel und Collins (9), die zur Sensibilisierung der Erythrozyten mit Alkohol gefällte Polysaccharide aus Candida albicans benutzten. Die befriedigende Spezifität zeigte sich z.B. darin, daß Saccharomyces-Antikörper zwar mit intakten C. albicans-Zellen, jedoch nicht im Hämagglutinationsversuch reagierten. Ähnliche Beobachtungen machte auch Pospisil (5) bei vergleichenden Untersuchungen an 5 Candida-Arten mit der KBR, der Zellagglutination und dem Hämagglutinationsverfahren. Bei Verwendung eines geeigneten Antigens erweist sich demnach die Hämagglutinationsreaktion nicht nur empfindlicher, sondern auch spezifischer.

Auch uns hat sich der Hämagglutinationstest bei Antigenstudien bewährt (3). Deshalb wurde die Frage untersucht, inwieweit sich diese Technik für die Serodiagnose der Candidamykosen eignet.

Als Antigen benutzten wir Polysaccharide, die aus dem Zellinhalt von C. albicans durch Phenol-Wasser-Extraktion nach Westphal und Mitarb. (10) gewonnen worden waren. Die in dieser Weise (2) gewonnenen Polysaccharide lassen sich gut an Hammel-Erythrozyten binden, die mindestens 1 Tag alt sein sollen. Jede neue Antigencharge und jede frische Blutkörperchensuspension müssen an Kaninchenimmunseren neu eingestellt werden. Durchschnittlich binden 0,1 ml Erythrozytensediment 50 mg Polysaccharide. Diese Antigenmenge läßt sich erheblich reduzieren, wenn man dem Ansatz 0,25 ml 1%ige Papainlösung zusetzt.

Wichtig ist, daß das zu untersuchende menschliche Serum mit unbehandelten Hammel-Erythrozyten vorher absorbiert wird, um die unspezifischen Hämagglutinine zu entfernen.

---

*) Die Untersuchungen sind dankenswerterweise von der Deutschen Forschungsgemeinschaft unterstützt worden.

Die Reaktion wird dann auf Prestware-Hämagglutinationsplatten in Serumverdünnungs-reihen mit den sensibilisierten Blutkörperchen durchgeführt. Die Endtiter lassen sich gut ablesen und sind bei gründlich eingestellten Antigenen reproduzierbar.

Da sich bekanntlich jeder Mensch mit Candida-Arten auseinandersetzt, mußte geprüft werden, wie hoch der Hämagglutinationstiter gegen C. albicans bei Gesunden ist. Wir untersuchten 200 Blutspender, hauptsächlich Studenten und Soldaten, die ein Durchschnittsalter von etwa 20 bis 25 Jahren aufwiesen. Zum Vergleich wurden Seren von 100 Säuglingen untersucht. Die Verteilung der Hämagglutinationstiter ist in der Abb. dargestellt. Während über 70 % der Neugeborenenseren im Hämagglutinationstest negativ reagierten, und die übrigen in abnehmender Zahl auf die Titer 1 : 5 bis 1 : 40 verteilt sind, liegen die Titer bei Erwachsenen zwischen Ø bis 1 : 160 mit einem Schwerpunkt bei 1 : 20 bis 1 : 40. Diese Werte entsprechen etwa denen der Agglutination mit intakten Hefezellen. SCHABINSKI (*6*) gibt für diese Methode einen Normaltiter bis 1 : 200 an ähnlich SEELIGER (*7*) und TODT (*8*). Das bedeutet,

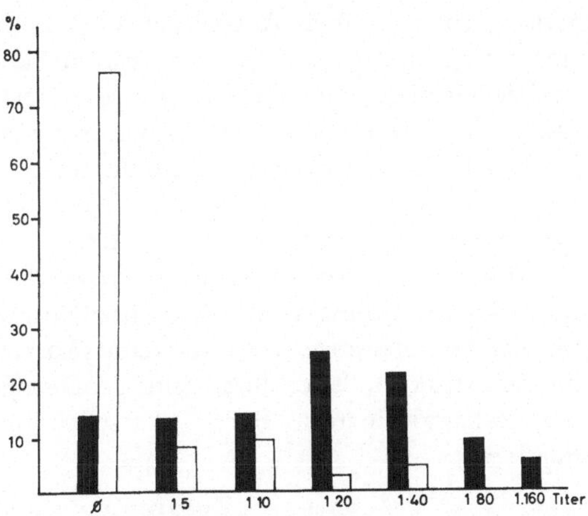

Abb. Verteilung der Hämagglutinations-Titer bei Gesunden, 200 Erwachsene und 100 Neugeborene
Schwarze Säulen = Erwachsene; offene Säulen = Neugeborene

daß bei Säuglingen ein Hämagglutinationstiter über 1 : 40 und bei Erwachsenen über 1 : 160 als suspekt anzusehen ist. Für eine Krankheitsdiagnose beweisend ist allerdings, wie bei allen Seroreaktionen, nur der Titeranstieg von mindestens 2 Stufen im Verlauf der Erkrankung.

Bei dem hohen Prozentsatz negativer Reaktionen bei den Neugeborenen lag die Vermutung nahe, daß der Antikörper von der Mutter nicht auf das Kind übergeht. Wir untersuchten deshalb die Seren von Müttern und ihren Neugeborenen. Bei 14 Mutter-Kind-Paaren fanden wir mit einer einzigen Ausnahme, in den Neugeborenen-Seren keine Antikörper, selbst wenn die Mütter einen relativ hohen Titer aufwiesen. Die Zahl der Untersuchungen ist allerdings noch zu klein, um verbindlich zu beweisen, daß der gegen C. albicans gerichtete Antikörper die Placentarschranke nicht überschreitet.

Nachdem der Antikörperspiegel bei Gesunden bekannt war, wurde der Hämagglutinationstest bei Kranken und Verdachtsfällen, im Vergleich mit der KBR, durchgeführt. Dabei ergab sich folgendes: Während die KBR in den meisten Fällen negativ ausfiel oder in wenigen Fällen einen niedrigen Titer anzeigte, waren die Werte der Hämagglutinationsreaktion eindeutig über den normalen Spiegel erhöht. Sie ist also wesentlich empfindlicher als die KBR. Bei den durch Immunisierung gewonnenen tierischen Antiseren fanden wir allerdings nicht so starke Unterschiede zwischen beiden Reaktionen, hier zeigte sich der Hämagglutinationstest nur etwa 5—10 mal empfindlicher.

Durch die Sensibilisierung von Erythrozyten mit serologisch aktiven Polysacchariden haben wir nicht nur die Möglichkeit, Antikörper nachzuweisen, sondern auch Antikörper aus Immunseren zu absorbieren. Nach unserer Erfahrung ist diese Absorptionsmethode derjenigen mit intakten Hefezellen überlegen. So gelang es uns, wie wir kürzlich berichteten (*3*), durch Absorption von Anti-Albicans-Seren mit Erythrozyten, die mit Tropicalis-Polysacchariden sensibilisiert waren, monospezifische Seren gegen C. albicans zu gewinnen. Damit wird die Identifizierung frisch isolierter Stämme wesentlich erleichtert.

Abschließend darf hervorgehoben werden, daß der Hämagglutinationstest bei Verwendung von Polysaccharidantigen zweifellos einen Fortschritt für die Serodiagnose der Candida-Mykosen darstellt. Der Komplementbindungsreaktion ist er durch seine größere Empfindlichkeit und Spezifität, der Zellagglutination durch Ausschaltung von Spontanagglutination überlegen.

Zusammenfassung

Isolierte Polysaccharide aus dem Zellinhalt von C. albicans ließen sich an Hammelerythrozyten binden. Der mit derart sensibilisierten Erythrozyten durchgeführte Hämagglutinationstest erwies sich für den Antikörpernachweis bei Patienten wesentlich empfindlicher als die Komplementbindungsreaktion. An 100 Säuglingen und 200 Blutspendern wurden die Normalwerte ermittelt. Dabei ergab sich, daß ein Hämagglutinationstiter über 1 : 40 bei Säuglingen und über 1 : 160 bei Erwachsenen als suspekt anzusehen ist. Entscheidend ist aber — wie bei allen serologischen Nachweisen — der Antikörpertiteranstieg.

Literatur

1. Martin, D. S.: J. Immunol. **71**, 192 (1953). Serologic Studies on North American Blastomycosis.
2. Müller, H.-L., R. Siegert und D. Pachaly: Zbl. Bakt. I Orig. **193**, 117 (1964). Zur Antigenstruktur von Candida albicans und tropicalis. II. Mitteilung: Serologisches Verhalten von Zellmembran und Zellinhalt nach Phenol/Wasser-Extraktion.
3. —, Immunologische Differenzierung von C. albicans und C. tropicalis — 9. Tagung d. Österreich. Ges. f. Mikrobiol. u. Hyg., Graz, September 1964.
4. Norden, A.: Proc. Soc. Exper. Biol. Med. **70**, 218 (1949) Agglutination of Sheep's Erythrocytes Sensitized with Histoplasmin.

5. Pospisil, L.: Dermatologica **118**, 65 (1959). Agglutinations-, Komplementbindungs- und Hämagglutinationsreaktion bei der Bestimmung von Candida-Arten.

6. Schabinsky, G.: Grundriß der Medizinischen Mykologie. Jena 1960.

7. Seeliger, H. P. R.: Mykologische Serodiagnostik. Johann Ambrosius Barth Verlag 1958.

8. Todt, R. L.: Amer. J. Hyg. **25**, 212 (1937), zitiert nach Seeliger (7).

9. Vogel, R. A., and M. E. Collins: Proc. Soc. Exper. Biol. Med. **89**, 138 (1955). Hemagglutinations Test for Detection of Candida albicans Antibodies in Rabbit Antiserum.

10. Westphal, O., O. Lüderitz und F. Bister: Z. Naturforschg. Über die Extraktion von Bakterien mit Phenol/Wasser **76**, 148 (1952).

Dr. H.-L. Müller
Hygiene-Institut der Philipps-Universität
355 Marburg/Lahn

Aus dem Institut für Hygiene und Mikrobiologie der Universität Würzburg

Zum Verhalten von Cryptococcus neoformans gegenüber Serumfraktionen*

F. Staib

Mit 1 Abbildung

Das Problem „Wachstumshemmung von C. neoformans im Blutserum", genannt auch „C. neoformans-Serumfungistase" war Gegenstand unserer Untersuchungen. Es galt bisher als Regel, daß sich C. neoformans im Humanserum nicht vermehrt (7). Wie von uns festgestellt, ist eine Vermehrung möglich und zwar in Seren (allerdings nicht in allen) mit einem erhöhten Rest-N. (6). Die extracorporale Blutdialyse (künstliche Niere), die für die Herabsetzung einer hohen Rest-N-Konzentration beim Menschen Verwendung findet, erwies sich für diese Untersuchungen als besonders geeignet, denn hierbei werden bevorzugt die Rest-N-Substanzen, nicht aber Eiweißkörper aus dem Blut herausdialysiert (7, 8).

Daß die niedermolekularen Rest-N-Substanzen für C. neoformans verwertbar sind, demonstriert eindrucksvoll das Serum-Rest-N-Auxanogramm (8) (nach dem Beijerinckschen auxanographischen Verfahren (1, 2, 3). Werden C. neoformans-Zellen in einem Grundsubstrat mit Agar

*) Diese Untersuchungen wurden mit Unterstützung der Deutschen Forschungsgemeinschaft durchgeführt.

ohne N-Substanzen aufgeschwemmt und nach dem Erstarren auf dieses Substrat 0,05 ml Serum gegeben, ist nach meinen bisherigen Untersuchungen der Wachstums- bzw. Auxanogramm-Durchmesser direkt proportional zur Konzentration des Serum-Rest-N (d. h. kleiner Auxanogramm-Durchmesser

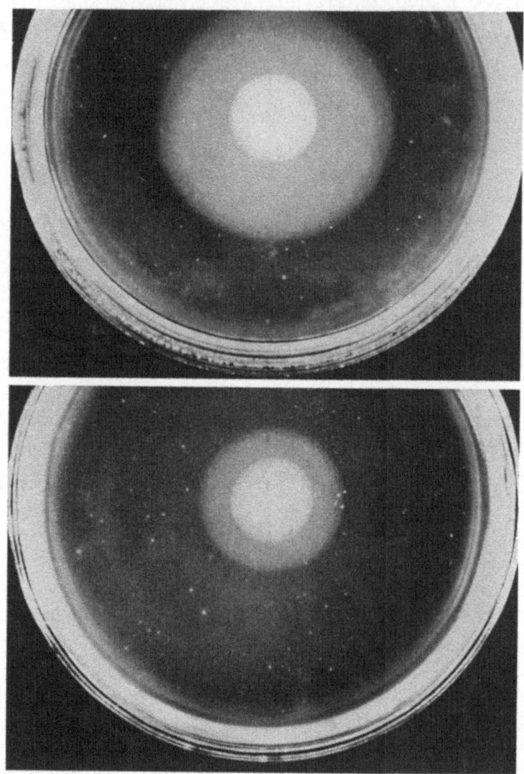

Abb. Serum-Reststickstoff-Auxanogramme. Oben in Durchmesser und Dichte einem Serum mit einer Reststickstoff-Konzentration von mindestens über 150 mg% entsprechend. Unten: normale Stickstoff-Konzentration (ungefähr 30 mg%) (Petrischalen-Durchmesser 80 mm; Auxanogrammalter 48 Std./26 °C; Teststamm C. neoformans W 71)

= niederer Rest-N, großer Auxanogramm-Durchmesser = hoher Rest-N; s. Abb. Mit den sich daraus ergebenden Fragen: „Bedeutet die Rest-N-Erhöhung eine Substratverbesserung für C. neoformans oder hat eine bestimmte Rest-N-Erhöhung die Aufhebung eines fungistatischen Systems zur Folge" endete mein letztjähriger Vortrag (7).

Über bisherige Untersuchungen zu diesen Fragen sei kurz berichtet:

Harnstoff oder Kreatinin — Hauptbestandteile des Serum-Rest-N — dem Serum zugesetzt, verursachen eine Vergrößerung des Auxanogramm-Durchmessers, nicht aber eine Vermehrung von C. neoformans im Serum.

Demzufolge ist die Harnstoff- oder Kreatinin-Verwertung für C. neoformans im Serum gehemmt bzw. ist die hohe Konzentration dieser beiden Substanzen nicht oder nicht allein für ein mögliches Wachstum von C. neoformans im Serum verantwortlich zu machen. An dieser Stelle sei auf die rasche Harnstoffhydrolyse, die für C. neoformans nach SEELIGER (4, 5) ein Artmerkmal ist, hingewiesen.

Bereits der Aufbau des Serum-Rest-N-Auxanogramms (zentrale Eiweiß-diffusionszone und peripher davon die reine Rest-N-Diffusionszone) weist darauf hin, daß im Serum eine Wachstumshemmung für C. neoformans vorliegen muß (8). Diese grobe Fraktionierung sollte nach einer feineren Methode geprüft werden und zwar mit Hilfe der Gel-Filtration mit Sephadex*).

Diese Methode basiert auf der Säulen-Chromatographietechnik. Sephadex G 25 (ein quervernetztes Dextran), mit dem wir arbeiten, hat den höchsten Vernetzungsgrad. Hierbei können Substanzen mit einem Molekulargewicht von über 3500—4500 nicht in das Netzwerk eindringen, sie verlassen deshalb die Säule zuerst. Substanzen unterhalb dieser Grenze diffundieren durch das Netzwerk. (Säulengröße 1,4/23 cm; aequilibriert mit 0,001 m K_2HPO_4 und 0,005 m KCL, p_H 8,0; Auftrag 1,0 ml—0,8 ml; Elution mit aqua dest.; Fraktionsgröße 2,5 ml.)

Mit Hilfe dieses Molekularsiebeffektes wurde das Serum in 20—25 Fraktionen aufgeteilt. Als Elutionsmittel diente aqua dest. Fraktionsgröße 2,5 ml. Alle diese Fraktionen wurden mit dem Zeiß-Photometer gemessen und anschließend lyophilisiert. Für unsere mikrobiologischen Untersuchungen erfolgte die Lösung der Eiweißfraktionen mit 0,9 %iger NaCl-Lösung und der niedermolekularen mit aqua dest. bei gleichzeitigem Antibiotica-Zusatz (zu 300 ml aqua dest. bzw. NaCl-Lösung 200 mg Chloromycetin und 50 mg Penicillin).

Jede lyophilisierte Fraktion wurde in 1,0 ml NaCl-Lösung bzw. aqua dest. gelöst.

Die Serumfraktionen wurden mikrobiologisch wie folgt untersucht:

N-Assimilationsprüfung der Serumfraktionen: Bezüglich der Methodik sei auf frühere Mitteilungen (6, 8) verwiesen.

Bei dieser N-Assimilationsprüfung sind in einer Petrischale ca. 25 Millionen C. neoformans-Zellen im erstarrten Grundsubstrat (ohne N-Quelle) gleichmäßig verteilt. Von jeder der gelösten lyophilisierten Fraktionen wurden 0,05 ml in Form eines runden Tropfens auf je eine Platte gegeben.

Auxanogramme von C. neoformans finden sich bei dieser Methodik nur bei den niedermolekularen Serumfraktionen. Im Bereiche der Eiweiß-fraktionen dagegen bleibt es bei einem Eiweißfleck (ohne Wachstumszone d.h. ohne peripheres Auxanogramm). Wie bereits ausführlich von mir berichtet, kann mit einer Eiweißfärbung (Amidoschwarz) deutlich dar-

---

*) Pharmacia, Uppsala/Schweden und Deutsche Pharmacia GmbH, Frankfurt/M.

gestellt werden, daß Eiweißfraktionen von C. neoformans nicht abgebaut werden; es findet sich hier ein homogener blauschwarzer Eiweißfleck (*8*). Bei den niedermolekularen Fraktionen bildet sehr häufig die Fraktion mit dem höchsten Extinktionswert auch das größte Auxanogramm.

Hierzu einige Beispiele: Normales Rinderserum mit den höchsten Extinktionswerten bei den niedermolekularen Fraktionen Nr. 14, 15 und 16 bietet hier auch die größten Auxanogramme. Nach Zusatz von 100 mg% Harnstoff fand sich der höchste Extinktionswert und der größte Auxanogramm-Durchmesser ebenfalls in einer Fraktion, interessanterweise in der 14. Auch bei Zusatz von 200 mg% Harnstoff fielen höchster Extinktionswert und größter Auxanogramm-Durchmesser ebenfalls in die 14. Fraktion.

Ungeachtet der vielen Unbekannten im Serum, kann mit diesem Ergebnis bewiesen werden, daß das „Serum-Rest-N-Auxanogramm" mit C. neoformans, wie von mir beschrieben, allein aus der Verwertung niedermolekularer N-Substanzen resultiert (*8*). Darüber hinaus dürften die festgestellten Zusammenhänge zwischen Extinktionswert und Auxanogramm-Durchmesser für verschiedenste mikrobiologische Substratanalysen nicht unbedeutend sein (*8*) (unter Verwendung von Sproßpilzen mit verschiedenster Fermentausstattung).

Beimpfung der Serumfraktionen mit C. neoformans: Wie rein mikrobiologisch und mit Hilfe der Amidoschwarzfärbung festgestellt, waren in den Fraktionen Nr. 5—10 die Serum-Eiweißkörper und in den Fraktionen Nr. 11—25 nur noch niedermolekulare Serumbestandteile. Sämtliche Fraktionen wurden mit der ungefähr gleichen Zahl von C. neoformans-Zellen beimpft (ca. 400—1000 Zellen, s. einzelne Untersuchungen) und zwar ungeachtet dessen, ob in der einzelnen Fraktion neben der uns interessierenden N-Quelle gleichzeitig auch für das Wachstum notwendige C-Quellen, Wuchsstoffe etc. vorlagen. Über diese Untersuchungen möchte ich hier anhand von zwei Beispielen berichten:

Bei einem Patienten mit der Diagnose chronische Glomerulonephritis, betrug der Serum-Rest-N 230 mg% (nach Kjeldahl). Zum Zwecke der Rest-N-Herabsetzung wurde hier eine extracorporale Blutdialyse durchgeführt (von Dr. med. A. Heidland, Medizinische Universitätsklinik Würzburg, Direktor: Prof. Dr. med. E. Wollheim).

Im Serum vor der Dialyse vermehrte sich dieser Sproßpilz von 200 Zellen auf 5,6 Millionen Zellen/ml nach 48 Std./26 °C.

Nach 6stündiger Dialyse betrug der Rest-N 120 mg%. Der Auxanogramm-Durchmesser betrug 36 mm. Im dialysierten Serum vermehrte sich C. neoformans von 320 nur noch auf 1560 Zellen/ml; d.h. kein Wachstum. Die Ergebnisse, die mit den Fraktionen dieser beiden Seren gewonnen wurden, lauten kurz zusammengefaßt:

a) *vor der Dialyse:* Die Fraktion Nr. 14 zeigt den höchsten Extinktionswert der niedermolekularen Fraktionen und das Auxanogramm mit dem größten Durchmesser. Auffallend ist die starke Vermehrung von C. neoformans in den niedermolekularen Fraktionen Nr. 10—14.

Beispiel eines Versuchsprotokolls

Serum vor der Dialyse, fraktioniert mit Sephadex

Extinktionswerte der Serumfraktionen	Rest-N-Auxanogramm-Durchmesser	Wachstum von C. neoformans in den Serumfraktionen	
E 1 cm 280 mμ	Teststamm: C. neoformans W 71	Einsaatmenge Zellen/ml	Endkeimdichte nach 48 Std/26 °C Zellen/ml
1) 0,006	$\varnothing$	800	2050
2) 0,004	$\varnothing$		25800
3) 0,004	$\varnothing$		3000
4) 0,004	$\varnothing$		2000
5) 1,062	$\varnothing$		114000
6) über 4,0	$\varnothing$ Eiweißfleck 13 mm	740	430000
7) über 4,0	$\varnothing$ Eiweißfleck 13 mm		361000
8) 0,928	$\varnothing$		183000
9) 0,374	$\varnothing$		110000
10) 0,376	$\varnothing$		1400000
11) 0,722	15 mm locker, unscharf		4380000
12) 0,944	24 dicht, scharf	720	4350000
13) 1,76	33 dicht, scharf		3500000
14) 2,12	35 dicht, scharf		1610000
15) 1,242	32 dicht, scharf		960000
16) 0,692	25 dicht, scharf		495000
17) 0,342	20 locker, unscharf		655000
18) 0,222	14 locker, unscharf	580	614000
19) 0,212	13 locker, unscharf		285000
20) 0,176	11 locker, unscharf		285000
21) 0,144	$\varnothing$		264000
22) 0,108	$\varnothing$		165000
23) 0,094	$\varnothing$		149000
24) 0,084	$\varnothing$		32000
25) 0,076	$\varnothing$	540	25000

Bemerkung:

Das Serum (Nr. 374), *vor* Durchführung einer extracorporalen Blutdialyse gewonnen, stammt von einem Patienten mit der *Diagnose:* chronische Glomerulonephritis.

Der Gesamt-Serum-Rest-N (n. KJELDAHL) betrug 230 mg%. Der Serum-Rest-N-Auxanogramm-Durchmesser (mit C. neoformans W 71) betrug 42 mm.

C. neoformans W 71 vermehrte sich im Serum nach 48 Std/26 °C von 200 Zellen/ml auf 5,6 Millionen Zellen/ml.

Im vorliegenden Versuch betrug bei der Rest-N-Auxanographie die Keimdichte pro Petrischale 27,5 Millionen Zellen.

Alter sämtlicher verwendeter Kulturen 48 Std/26 °C; auf Bierwürze-Agar.

8*

b) *nach der Dialyse:* Auch hier in der 14. Fraktion der höchste Extinktionswert der niedermolekularen Fraktionen und der größte Auxanogramm-Durchmesser. Auffallend ist die fehlende Vermehrung von C. neoformans in den Fraktionen Nr. 10, 11 und 12, die vor der Dialyse mit die höchste Vermehrungsquote boten.

Bei einem Humanserum mit normalem Rest-N von 29,4 mg% (nach Kjeldahl) betrug der Auxanogramm-Durchmesser unter Verwendung von C. neoformans 25 mm. In diesem Serum waren von 590 eingebrachten C. neoformans-Zellen/ml nach 48 Std./ 26 °C nur noch 280 Zellen/ml nachweisbar, d.h. kein Wachstum. Dieses Serum wurde in 20 Fraktionen aufgeteilt. Nur bei Nr. 14 und 15 kam es zur Ausbildung eines Auxanogramms. Interessanterweise liegt auch hier der höchste Extinktionswert der niedermolekularen Fraktionen vor. Die Vermehrung in den Eiweißfraktionen Nr. 6 und 7 führen wir auf niedermolekulare, für C. neoformans verwertbare Substanzen zurück, die an den Eiweißfraktionen hängen geblieben sind, denn das Eiweiß selbst ist nach unseren bisherigen Untersuchungen für C. neoformans nicht verwertbar (siehe Beispiel S. 91).

Diese Ergebnisse, die mit Hilfe der Gel-Filtration gewonnen wurden, bestätigen, daß das Serum-Rest-N-Auxanogramm allein durch die Verwertung der niedermolekularen N-Substanzen zustande kommt. Das Wachstum von C. neoformans in einzelnen Fraktionen von Seren, die unfraktioniert kein Wachstum zulassen, bestätigt das Vorliegen der sogenannten C. neoformans-Fungistase im Serum.

Bezogen auf die hier besprochenen Ergebnisse, bleibt zu prüfen, ob nun die nach der Dialyse im Serum fehlenden niedermolekularen Substanzen, die sich im veränderten Extinktionswert, Auxanogramm-Durchmesser und Endkeimdichten ausgedrückt haben, von Einfluß auf den Mechanismus der noch unklaren C. neoformans-Serum-Fungistase sind.

Zusammenfassung

Mit Hilfe der Gel-Filtration (Sephadex G 25) von Blutserum von Kranken wurde erneut festgestellt, daß das „Serum-Rest-N-Auxanogramm" mit Cryptococcus neoformans W 71 durchgeführt, allein durch die Verwertung der *niedermolekularen* Serum-Stickstoff-Substanzen zustande kommt. Damit wird einerseits die Bedeutung des Serum-Rest-N als bevorzugte N-Quelle für Cryptococcus neoformans im Blutserum bewiesen, andererseits die rasche und einfache mikrobiologische Orientierungsmöglichkeit über die Rest-N-Konzentration im Blutserum durch das Serum-Rest-N-Auxanogramm bestätigt.

Blutseren von Kranken, vor und nach der extracorporalen Blutdialyse (sogenannte künstliche Niere) gewonnen und anschließend fraktioniert, bieten neue Untersuchungsmöglichkeiten über Wesen der noch fraglichen „Cryptococcus neoformans-Serumfungistase".

Für technische Assistenz gilt mein besonderer Dank Frau G. Heidland. Die Serumfraktionierungen konnten mit Erlaubnis von Herrn Prof. Dr. F. Turba (Direktor des Physiologisch-chemischen Instituts der Universität Würzburg) am Physiologisch-chemischen Institut durchgeführt werden, hierfür sei an dieser Stelle nochmals besonders gedankt.

Frau Dr. U. Stewart und Herrn P. Haux (an demselben Institut) sei für freundliche Ratschläge ebenfalls herzlich gedankt.

Für die Überlassung der in diesem Vortrag besprochenen Seren (vor und nach der Dialyse) gilt mein besonderer Dank Herrn Dr. A. Heidland an der Medizinischen Universitätsklinik Würzburg (Direktor Prof. Dr. E. Wollheim).

Literatur

1. Beijerinck, M. W.: L'auxanographie ou la méthode de l'hydrodiffusion dans la gélatine appliquée aux recherches microbiologiques. Arch. néerl. Sci. **23**, 367–372, 1889.
2. —, Über die Absorptionserscheinung bei den Mikroben. Zbl. Bakt. I Orig. **29**, 161–166, 1911.
3. Lodder, J., and N. J. W. Kreger-van Rij: The Yeasts, A taxonomic study. Amsterdam: North Holland Publ. Comp. 1952.
4. Seeliger, H.: Use of a urease test for the screening and identification of Cryptococci. J. Bact. **72**, 127–131, 1956.
5. —, Das kulturell-biochemische und serologische Verhalten der Cryptococcus-Gruppe. Ergebn. Mikrobiol. **32**, 23–72, 1959.
6. Staib, F., und J. Zissler: Über die Verwertbarkeit von Rest-Stickstoff-Substanzen menschlicher Seren für Cryptococcus neoformans. Zbl. f. Bakt. I Orig. **189**, 117–119, 1963.
7. —, —, Sproßpilze, insbesondere Cryptococcus neoformans und menschliches Serum. Z. Haut-Geschl. Krh. **35**, 145–148, 1963.
8. Staib, F.: Das Serum-Reststickstoff-Auxanogramm (mit Sproß- und Schimmelpilzen). Zbl Bakt. I Orig. **194**, 379–406, 1964.

Priv. Doz. Dr. Dr. F. Staib,
Institut für Hygiene und Mikrobiologie der Universität
87 Würzburg, Joseph-Schneider-Str. 2

Aus der Dermatologischen Klinik und Poliklinik der Universität München
(Direktor: Prof. Dr. A. Marchionini †)

Morphologische Auswirkung der Adaption auf Pilze

L. Krempl-Lamprecht

Wenn man eine Pilzinfektion unter dem Gesichtspunkt einer Wechselbeziehung zwischen Wirt und Pilz betrachtet, denkt man zuerst an die Auswirkungen dieser Infektion auf den Wirt.

Man erinnert sich spezieller Eigenarten dieser Erreger, etwa ihrer Fähigkeit, Körpersubstanzen des Wirtes aufzuschließen und mit entstehenden Bausteinen die Ernährung zu bestreiten. Auch die Möglichkeit, daß durch den Pilz und seine Stoffwechselprodukte Substanzen mit antigener oder allergener Wirkung in den Wirtsorganismus gelangen, berücksichtigt man; ebenso besondere physiologische Charakteristika des Pilzes, etwa ein Temperaturoptimum über 30° C, eine hohe Wachstumsgeschwindigkeit o. ä.

Den pathogenen Eigenschaften der Pilze stehen aber als Gegengewicht die Abwehrkräfte des Wirtes gegenüber. Es herrscht also ein dynamisches Gleichgewicht, dessen Verschiebung nach 2 Seiten hin möglich ist. Wir stellen daher berechtigt die Frage: Wie wirken die Abwehrkräfte des Wirtes auf den Pilz bzw. wie reagiert er auf sie? Ich will versuchen, dies an bekannten Tatsachen aufzuzeigen und zwar am Beispiel der Dermatophyten.

Die einfachste Beobachtung in dieser Richtung ergibt sich aus dem Vergleich der Wuchsform im parasitären Stadium (am lebenden Wirt) und im saprophytären (z. B. auf natürlichem, totem Substrat oder in künstlicher Kultur).

Sämtliche Dermatophyten bilden bei ihrem parasitären Wachstum ein gleichartiges, verzweigtes Myzel, das sich je nach Alter und Milieu in Arthrosporen aufgliedern kann (Konvergenzerscheinung infolge gleicher Lebensbedingungen beim Parasitismus). Daher ist es erfahrungsgemäß unmöglich, bei alleiniger mikroskopischer Untersuchung von Nativmaterial Gattung oder Art des Pilzparasiten zu bestimmen.

Die charakteristischen Konidien und Hyphenformen kennen wir nur aus dem saprophytären Stadium.

Die weitgehende morphologische Reduktion beim parasitären Wachstum wird oft als eine spezielle Anpassungsf ä h i g k e i t der Dermatophyten gedeutet. Viel wahrscheinlicher handelt es sich aber um eine passiv verlaufende Verlusterscheinung unter dem Einfluß des Wirtes, der dem Pilz nur die primitivste morphologische Ausbildung seines Vegetationskörpers erlaubt.

Für diese Ansicht sprechen u. a. Beobachtungen, die GRIMMER bei Onychomykosen von Fußnägeln machte. Als er im subungualen, hyperkeratotischen Bereich Mikro- und sogar Makrokonidien fand, nannte er diese Wuchsform sehr richtig „kein typisch parasitäres Stadium mehr, da diese toten, stoffwechselinaktiven Zellen ihre Verbindung zum Saftstrom des Wirtes verloren haben". Ich möchte sie mit einem saprophytischen Mikrostandort im lebenden Organismus vergleichen, an dem der Pilz wieder die typischen Formen des saprophytären Wachstums bilden konnte, da er nicht mehr den Abwehrtendenzen („Saftstrom") des Wirtes ausgesetzt war.

Die Regel, daß Dermatophyten (im Gegensatz zu anderen Mykoseerregern) unter dem Einfluß des Wirtsorganismus keine Fruktifikationsorgane bilden, hat bisher nur eine einzige, nicht mehr wiederholte Ausnahme erfahren: 1961 fand BENEDECK an eingesandten Microsporum-infizierten Haaren Miniaturformen von Makrokonidien, allerdings ohne irgendwelchen Zusammenhang mit Myzelelementen am Haar. Ob es sich dabei um eine sekundäre Entwicklung auf den bereits abgeschnittenen Haaren handelt — wie sie auf Grund eigener Erfahrungen sehr rasch einsetzt, wenn Spuren von Feuchtigkeit und Nährstoffen vorhanden sind — wurde nicht diskutiert. Die morphologische Reduktion im *parasitären* Stadium eines Dermatophyten ist demnach der zeitlich überschaubare Effekt eines unmittelbaren Wirtseinflusses.

Betrachtet man nun die morphologische Ausgestaltung im *saprophytären* Stadium, so wird bei einem vergleichenden Überblick über sämtliche Dermatophytenarten offenbar, daß im Laufe ihrer phylogenetischen Entwicklung die zunehmende, parasitische Differenzierung auch das saprophytische Stadium irreversibel beeinflußt haben muß. Wir können diese stufenweise morphologische Veränderung bei zunehmender Wirtsadaption gleichsam in die Gegenwart projizieren, da die heute bekannten Dermatophyten aus verschiedenen ökologischen Standorten uns dafür Modellbeispiele liefern. Die Gruppe der sog. geophilen Dermatophyten (Microsporum gypseum und cookei, Trichophyton terrestre, Keratinomyces ajelloi) ist noch unbeeinflußt durch ihre natürliche Umgebung, da sie für gewöhnlich nur totes Material tierischer Herkunft wie Haare, Horn, Federn, Haut usw. abbaut. Sie zeigt daher morphologisch 2 komplette Entwicklungszyklen:

a) *die sexuelle Fortpflanzung*, mit Perithecien nach dem Gymnoasceentyp, (Nannizzia, Arthroderma) die vor allem der Überdauerung ungünstiger Lebensabschnitte dienen und

b) *die vegetative Vermehrung* mittels Makro- und Mikrokonidien, deren Hauptaufgabe eine rasche Verbreitung ist. Die Geophilen sind selten Mykoseerreger, ihre Pathogenität erscheint nach dem klinischen Bild beobachteter Fälle gering. Gering ist aber auch ihre Empfindlichkeit (in vitro) gegenüber Griseofulvin (Gentles), wahrscheinlich auf Grund ihrer ursprünglichen, noch nicht durch Wirtseinfluß veränderten Zell-Konstitution.

Bei den sog. zoophilen Dermatophyten erscheint in steigendem Maße die Neigung zum Parasitismus, meistens noch ohne Bevorzugung eines bestimmten Wirtes. Gleichzeitig verliert die morphologische Ausgestaltung an Vollständigkeit bzw. Vielfalt. Intakte sexuell gebildete Fruchtkörper wurden bisher nur ein einziges Mal bei einer Art gefunden und ließen sich nicht in Kultur reproduzieren (Trichophyton gallinae, Rieth). Vereinzelt finden sich noch deren rudimentäre Formen (abortive Cleistothecien, Nodularorgane). Dafür treten die epidemiologisch wichtigen, vegetativen Vermehrungsformen in den Vordergrund, zuerst die Makrokonidien (z. B. Micr. canis), dann Mikrokonidien und Spiralhyphen (Trich. mentagrophytes), die allmählich die Makrokonidien ablösen. Bei Arten, die schon einen bestimmten Wirt bevorzugen, werden auch die Mikrokonidien zahlenmäßig weniger, so daß schon innerhalb der zoophilen Gruppe mit steigender Spezialisierung eine morphologische Reduktion deutlich wird. Daß mit ihr auch eine physiologische Umgestaltung einhergeht, zeigen die klinischen Bilder dieser häufigen Mykosen, die eine Erhöhung der Pathogenität ihrer Erreger deutlich machen, aber auch eine Erhöhung der Empfindlichkeit gegenüber Griseofulvin.

Die letzte und höchstadaptierte Gruppe ist die der ausgeprägten Einwirtsspezialisten, zu denen u. a. auch die anthropophilen Dermatophyten gehören. Hier nimmt die morphologische Reduktion extreme Formen an. Die saprophytische Kultur zeigt eine schon an das parasitische Wachstum erinnernde Ausgestaltung, nämlich kaum noch Luftmyzel, dafür schon mehr oder minder veränderte Hyphenelemente, die bevorzugt in die tieferen Nährbodenschichten mit halbanaeroben Bedingungen eindringen.

Die Reihenfolge der Reduktion geht hier etwa von Epidermophyton floccosum und Trichophyton rubrum über Trich. verrucosum bis zu Trich. violaceum und Trich. schönleini.

Es erscheint vielleicht verwunderlich, auch Epidermophyton floccosum zu diesen hochreduzierten Formen zu zählen. Primärkulturen bilden zwar noch Makrokonidien und Chlamydosporen, degenerieren dann aber rasch.

Aus der hier geschilderten morphologischen Reduktion der Dermatophyten wurde von BALABANOFF eine Evolutionssystematik abgeleitet, die vom biologischen wie vom klinischen Standpunkt aus interessant ist. BALABANOFF teilte die Dermatophyten je nach dem Grade ihres Parasitismus in 3 Facies ein: Facies saprophytica, Facies semisaprophytica und Facies parasitica. Diese werden, je nach dem Grad der morphologischen Reduktion im imperfekten Stadium, nochmals in 4 Stufen aufgegliedert.

Ob die hier geschilderten morphologischen Veränderungen auf passivem Wege entstanden oder mehr als eine aktive Adaption der Pilze zu beurteilen sind, läßt sich auf Grund der engen Verknüpfung zwischen morphologischer Reduktion und physiologischer Anpassung und einer stammesgeschichtlichen Weiterentwicklung nicht entscheiden. Es hat den Anschein, daß zunehmende parasitische Spezialisierung im Verlaufe der Entwicklungsgeschichte bei den Hautpilzen das nunmehr unwichtige saprophytische Stadium mit seinen differenzierten morphologischen Formen allmählich zurückdrängte.

Das bedeutet, daß sich aus den Erscheinungen, die ursprünglich durch den unmittelbaren Wirtseinfluß entstanden, längst eine phylogenetische Entwicklungsreihe ergab, deren Stufen wir im heutigen morphologischen Bild der geophilen Dermatophyten einerseits und der zoo- bzw anthropophilen Mehr- und Einwirtsspezialisten andererseits vor Augen haben.

Zusammenfassung

Durch die Adaption an einen Wirtsorganismus verlieren alle Dermatophyten im parasitären Stadium die Fähigkeit zur Ausbildung differenzierter Sporenformen.

Der Intensitätsgrad des Parasitismus wirkt sich auch auf das saprophytäre Stadium aus: Mit einer zunehmenden Wirtsspezialisierung geht eine irreversible morphologische Reduktion Hand in Hand.

Literatur

Balabanoff, V.: Systematik der Dermatophyten unter Berücksichtigung von Bodenarten mit geschlechtlicher Sporenbildung. Mykosen **6**, 38 (1963).

Benedeck, T.: On the nature of the so-called "Macroconidia" observed on Microsporum-infected hairs in vivo. Mycopathologia & Mycol. appl. **6**, 108 (1947—49).

—, True Macroconidia observed on Microsporum-infected hairs. Mycopath. et Mycol. appl. **17**, 327 (1962).

Gentles, J., und M. Barnes: A report on animal experiments with Griseofulvin. Arch. Derm. Syph. **81**, 703 (1960).

Götz, H.: Die Pilzkrankheiten der Haut durch Dermatophyten. Handbuch IV/3, Berlin—Göttingen—Heidelberg: Springer 1962.

Grimmer, H.: Griseofulvin. Mykosen **3**, 124 (1960).

Rieth, H.: Gibt es in der Natur sexuelle Formen der hautpathogenen Pilze? Hautarzt **10**, 161 (1959).

Priv. Doz. Dr. Luise Krempl-Lamprecht
Dermatologische Klinik und
Poliklinik der Universität
8 München, Frauenlobstr. 9

Aus der Hautklinik am Klinikum Essen der Universität Münster
(Direktor: Prof. Dr. H. Götz)
und
aus der Hautklinik der Universität Hamburg-Eppendorf
(Direktor: Prof. Dr. Dr. J. Kimmig)

Experimentelle Untersuchungen über die gegenseitige Beeinflussung zwischen Wirt und parasitischem Pilz

H. C. Sturde, H. Rieth und M. Reichenberger

Nach den Untersuchungen von Jadassohn, Schaaf und Sulzberger (*4*), Jadassohn, Fierz und Huber (*2*), Jadassohn, Schaaf und Laetsch (*3*), Fischer (*1*), sowie Martinez und Calero (*7*) ist es möglich, Meerschweinchen gegen Dermatophytenantigene anaphylaktisch zu sensibilisieren und die Anaphylaxie mit der sog. Schultz-Dale-Technik am isolierten Meerschweinchendarm nachzuweisen. Die Vermutung lag nahe, daß das Serum so nachweislich sensibilisierter Meerschweinchen Stoffe enthalten könnte, die das Pilzwachstum beeinflussen. Die ersten Untersuchungen von Jessner und Hoffmann (*5, 6*) fielen zwar negativ aus; spätere Untersucher wollten einen allgemeinen fungistatischen Effekt von Meerschweinchensera festgestellt haben (Peck, Rosenfeld und Glick [*8*]). Wir haben daher in Verbindung mit dem Nachweis der erfolgten Sensibilisierung des Wirtes durch eine Reihe von Kulturverfahren (Mikro- und Makrokulturen) festzustellen versucht, ob solche fungistatischen Stoffe im Serum vorhanden sind.

Verschiedene Wechselwirkungen zwischen pathogenen Pilzen und Wirtsorganismen sind bekannt, andere werden vermutet. Wir haben im folgenden versucht, solchen gegenseitigen Beziehungen in der Reihenfolge Dermatophyt — Wirt — Dermatophyt nachzugehen und sie durch Modellversuche zu demonstrieren. Dazu bedienten wir uns zweier technisch verschiedener Methoden, und zwar des Schultz-Dale-Tests zum Nachweis einer anaphylaktischen Sensibilisierung des Meerschweinchens gegen Pilzantigene sowie verschiedener Kulturverfahren zur Beobachtung des Pilzwachstums bei Zusatz von Serum dieser so sensibilisierten Tiere.

Versuchsanordnung: Für die Modellversuche wurden folgende Dermatophytenarten verwendet: Trichophyton rubrum, Trichophyton mentagrophytes, Epidermophyton floccosum und Mikrosporum canis. Zur Sensibilisierung gegen die entsprechenden Pilzantigene wurden jeweils Gruppen von 4 Meerschweinchen mit einer Aufschwemmung lebender Dermatophyten dieser Arten intraperitoneal geimpft. Die Aufschwemmung enthielt etwa 5 mg Pilzrasen pro ml physiolog. NaCl-Lösung; intraperitoneal injiziert wurden 1 ml je Tier.

30—35 Tage post injectionem wurden die Tiere getötet, Teile des unteren Jejunums für den Schultz-Dale-Versuch entnommen, das Blut zur Serumherstellung für die Kulturversuche gewonnen.

Modellversuch 1: Prüfung der Anaphylaxie am isolierten Jejunum des Meerschweinchens im Schultz-Dale-Test durch Zugaben des Antigens. Zur Ausführung dieses Versuches diente eine Apparaturzusammenstellung der Fa. Braun in Melsungen (Versuchsanordnung isolierte glattmuskuläre Organe), die von uns modifiziert wurde. Dabei wird jeweils ein 3—4 cm langes Stück vom unteren Jejunum mit einem Ende am Boden einer Tyrodelösung enthaltenden Kammer fixiert, das obere Ende über einen Faden mit einem Schreibhebel verbunden. Durch die Kammer wird laufend Carbogen (95% O_2, 5% CO_2) geleitet. Die Kammer selbst befindet sich in einem Wasserbad mit konstanter Temperatur (37°C). Am Kammerboden befinden sich Zu- und Abfluß für Tyrodelösung. Anaphylaktische Kontraktionen der glatten Darmmuskulatur auf Antigenzusatz werden durch den Schreibhebel auf einem Trommelkymographen in Rußschrift registriert — ebenso jeweils vor- und nachgeschaltete Kontraktionen durch Histaminzusatz zur Prüfung der Darmempfindlichkeit. Die Zusätze werden nach der Darmkontraktion durch Spülen (ein- und mehrmaliges Erneuern der Tyrodelösung) entfernt.

Herstellung der Antigenextrakte: 100 mg Pilzrasen jeder Dermatophytenart (T. rubrum, T. mentagrophytes, E. floccosum, M. canis) wurden mit 25 ml physiolog. NaCl-Lösung versetzt und im Starmix 30 min lang zerkleinert. Zusatz von 0,3% Phenol. liquefact. Anschließend wurde diese Suspension abgetöteter Pilze durch dreimaliges Einfrieren bei —20°C und Wiederauftauen sowie einen Brutschrankaufenthalt bei 37°C für 24 Stunden aufgeschlossen. Danach wurde der Antigenextrakt im Exsiccator auf die Hälfte eingeengt.

Modellversuch 2: Prüfung der Seren von Meerschweinchen, die mit den 4 verwendeten Dermatophytenarten intraperitoneal geimpft worden waren mit Hilfe verschiedener mykologischer Kulturverfahren.

Der Modellversuch 2 sollte Aufschluß über eine etwaige fungistatische Wirkung dieser Seren geben.

1. Kultur im hängenden Tropfen.

Unverdünntes und mit Hamburger Testlösung verdünntes Serum (20% und 50%) wurde auf ein Deckglas getropft, dieses rasch umgedreht und, nach der Beimpfung des Tropfens mit Pilzsporen, über dem Hohlschliff eines dicken Objektträgers befestigt.

Geprüft wurden mit dieser Methode die Pilze, mit denen das betreffende Meerschweinchen sensibilisiert worden war, also T. rubrum, T. mentagrophytes, E. floccosum und M. canis.

Bebrütung bei 20 und 37°C.

2. Kultur im hohlgeschliffenen Objektträger, ohne Luftblase.

Die Aushöhlung des Objektträgers wurde völlig mit Serum gefüllt, mit Pilzsporen wie oben beimpft und mit einem Deckglas so verschlossen, daß keine Luftblase mit eingeschlossen wurde.

Bebrütung bei 20 und 37°C.

3. Kultur im hohlgeschliffenen Objektträger, mit Luftblase.

Ähnlich wie unter Punkt 2; das Einschließen der Luftblase geht leichter als die Vermeidung des Lufteinschlusses. In dem einen Falle steht Sauerstoff zur Verfügung, in dem andern nicht.

4. Agarkultur in Petrischale, Auftropfen des Serums.

Verwendet wurde Grütz-Kimmig-Agar ohne Antibiotica-Zusatz. Der Nährboden wurde im Ausstrichverfahren in 4 Sektoren mit den 4 verschiedenen Pilzen beimpft. In die Mitte der Impfstelle wurden jeweils 2 Tropfen Serum aufgetropft und mit einem Deckglas bedeckt. Auf diese Weise wurde jedes Serum in seiner Wirkung auf alle 4 Pilze untersucht.

Bebrütung bei 20 und 37°C.

5. Agarkultur in Petrischale, Serumzusatz zum Nährboden.

Soweit noch etwas Serum übrig war, wurde dies in einer Konzentration von 20% dem verflüssigten Nährboden bei 45°C zugesetzt. Da nur geringe Mengen zur Verfügung standen, wurde der Nährboden sehr dünn ausgegossen und ebenfalls im Ausstrichverfahren beimpft.

Bebrütung bei 20 und 37°C.

6. Als Kontrolle dienten Kulturen in Nährlösung oder auf Grütz-Kimmig-Agar ohne Serumzusatz. Auf Serum von nicht absichtlich sensibilisierten Meerschweinchen wurde zunächst verzichtet, da nicht ausgeschlossen werden konnte, daß solche Meerschweinchen bereits zuvor eine natürliche Infektion mit Dermatophyten durchgemacht hatten. Bei späterer Fortsetzung der Versuche sind kritische Untersuchungen in dieser Richtung unentbehrlich.

Ergebnisse bei Modellversuch 1: Durch Zusatz von jeweils 0,5—1 ml des analogen Antigenextraktes konnten im SCHULTZ-DALE-Test Darmkontraktionen als Ausdruck einer erfolgten anaphylaktischen Sensibilisierung der

9*

Meerschweinchen gegenüber den geprüften Dermatophyten nachgewiesen werden. Dabei ergaben sich hinsichtlich der Anzahl der sensibilisierten Tiere sowie auch in der Stärke der anaphylaktischen Reaktionen beträchtliche Unterschiede zwischen den geprüften Dermatophytenarten. In der Tabelle sind die Resultate tabellarisch zusammengefaßt.

Das geringste Sensibilisierungsvermögen zeigte T. rubrum. Von 4 Tieren konnte nur eins nachweislich sensibilisiert werden. Etwas besser scheinen die Verhältnisse bei T. mentagrophytes zu sein, wo es gelang, ein Tier eindeutig zu sensibilisieren, während ein 2. nur sehr geringfügige Reaktion aufwies. Zwei Tiere konnten durch vorhergehende Impfungen mit E. floccosum anaphylaktisch gemacht werden, die übrigen 2 reagierten nicht. Dagegen entwickelte sich bei allen 4 mit M. canis geimpften Meerschweinchen eine nachweisbare Anaphylaxie, wobei die Stärke der Darmkontraktion gegenüber den Antigenen anderer Dermatophyten verdoppelt bzw. verdreifacht war. Bei allen anaphylaktischen Reaktionen konnte das sog. Auslöschphänomen beobachtet werden, d.h. nach erfolgter einmaliger Antigenzugabe ließen sich mit weiteren Zugaben keine bzw. nur noch ganz schwache Kontraktionen erzielen. Nach etwa einer Stunde Ruhepause hatte sich das betreffende Darmstück jedoch meist wieder erholt und zeigte — wiederum nur einmalig — die ursprüngliche Reaktionsbereitschaft. 16 Kontrolltiere waren negativ, d.h. zeigten keine Anaphylaxie im Schultz-Dale-Versuch. Bei der Eröffnung der Bauchhöhle konnten in keinem Falle Hinweise für frische oder abgelaufene entzündliche Veränderungen als Folge der intraperitonealen Injektion lebender Dermatophyten festgestellt werden.

Tabelle 1. *Nachweis der anaphylaktischen Sensibilisierung gegen Dermatophyten-Antigene beim Meerschweinchen am isolierten Darmstück durch den* Schultz-Dale-*Test*

Dermatophytenart	1. Tier	2. Tier	3. Tier	4. Tier
	nachgewiesene Anaphylaxie: + bis + + +			
	(anaphylaktische Darmkontraktion)			
T. rubrum	Ø	Ø	Ø	+
T. mentagrophytes . .	Ø	Ø	+	(+)
E. floccosum	Ø	Ø	+	+
M. canis	+ + +	+ +	+	+

16 Kontrolltiere: negativ

Tabelle 2. *Hemmwirkung von Meerschweinchensera auf Dermatophyten*

Meerschweinchen sensibilisiert gegen	Pilzwachstum							
	M. canis		T. mentagrophytes		T. rubrum		E. floccosum	
	20°C	37°C	20°C	37°C	20°C	37°C	20°C	37°C
M. canis	Ø	Ø	Ø	Ø	Ø	Ø	Ø	Ø
T. mentagrophytes	Ø	Ø	+	Ø	+	Ø	Ø	Ø
T. rubrum . . .	+	Ø	+	+	+	+	+	Ø
E. floccosum . .	+	Ø	+	Ø	+	+	+	Ø

Zeichenerklärung: Ø = kein Wachstum

+ = Wachstum

Ergebnisse bei Modellversuch 2: Es ließ sich ein auffälliger Unterschied ermitteln zwischen dem Serum der Meerschweinchen, die mit M. canis sensibilisiert worden waren und den übrigen, bei denen die Sensibilisierung mit T. rubrum, T. mentagrophytes und E. floccosum erfolgt war. Das M. canis-Serum verhinderte das Auskeimen der Sporen von allen 4 geprüften Pilzen, ähnlich wie Jessner und Hoffmann dies bereits 1924 mit Humanserum nachgewiesen haben.

Die Seren der Meerschweinchen, bei denen T. rubrum und T. mentagrophytes zur Sensibilisierung dienten, hemmten weniger stark. Es kam unregelmäßig zum Auskeimen der Sporen, teilweise sogar zum Wachstum. Interessant ist vielleicht, daß sich — besonders bei 37°C — an den unter der Serumwirkung stehenden Pilzen ein mehr oder weniger deutlich ausgeprägter „Curling-Effekt" beobachten ließ.

Das Mycel zeigte außerdem ein sehr gedrungenes knorriges Wachstum, ähnlich wie es aus den Nativpräparaten von Hautschuppen und Nägeln bekannt ist, ganz im Gegensatz zu dem normalen, fast geraden oder nur wenig gekrümmten Fadenverlauf, wie er für das saprophytäre Wachstum der Pilze typisch ist. In geringerem Umfange zeigten die Kontrollen in flüssigem Medium bei 37°C ähnliche Strukturen, so daß der Einfluß der Temperatur dabei von Bedeutung ist.

E. floccosum ergab nach der Sensibilisierung ein Meerschweinchen-Serum, das eine etwas stärkere fungistatische Wirkung aufwies als das T. rubrum-Serum, jedoch eine schwächere als das von T. mentagrophytes und eine wesentlich schwächere als das von M. canis.

Tabelle 2 bringt die Zusammenstellung der Ergebnisse.

Diskussion der Ergebnisse: Obwohl es sich bei den angestellten Modellversuchen um technisch völlig verschiedene Methoden handelt, lassen die damit erzielten Ergebnisse eine Übereinstimmung erkennen. Für die Versuchsanordnung nach Schultz-Dale sind die Verhältnisse insofern klar, als hier eine Antigen-Antikörperreaktion vorliegt. Bei der Beeinflussung des Pilzwachstums durch das Serum sensibilisierter Tiere handelt es sich offenbar um fungistatische Stoffe, die wir im Gegensatz zu Jessner und Hoffmann nachweisen konnten. Hierbei finden sich erhebliche Unterschiede. Während das Serum M. canis-sensibilisierter Tiere das Dermatophytenwachstum völlig unterdrückte, reichte der „fungistatische" Faktor bei den anderen Arten dazu nicht aus. In diesen Fällen fanden sich jedoch Wuchsformen, die den Strukturen der parasitären Wachstumsphase ähnlich sehen. Der Nachweis des Curling-Effektes weist ebenfalls auf die Auseinandersetzung zwischen Wirt und Parasit hin. Wenn diese Vorgänge vorwiegend bei Brutschranktemperatur von 37°C zu beobachten waren, so wahrscheinlich deshalb, weil die Seren unter diesen mehr physiologischen Bedingungen eine bessere Wirkung entfalten können. Ob es sich hier ebenfalls (wie im Modellversuch 1) um einen Antikörper handelt, bleibt ungewiß. Auffallend ist die scheinbare Proportionalität zwischen der meßbaren Stärke der anaphylaktischen Reaktion und dem Wirkungsgrad

(Änderung der Wachstumsphase → völlige Hemmung) der Seren auf das Pilzwachstum. Das starke Sensibilisierungsvermögen des M. canis und die völlige Hemmung des Pilzwachstums durch Serumzusatz von Tieren, die mit diesem Dermatophyten sensibilisiert worden waren, kann mit der hohen Tierpathogenität des M. canis erklärt werden. Daß sich beträchtliche Unterschiede zwischen den Dermatophytenarten hinsichtlich der Sensibilisierung und parallel dazu der fungistatischen Serumwirkung experimentell erzielen lassen, erweckt die Hoffnung, auch bei den Dermatophyten — und nicht nur bei den Hefen — bei der Suche nach isolierbaren Individualfaktoren einen Schritt weiterzukommen.

Literatur

1. FISCHER, E.: Arch. klin. exp. Derm. **203**, 270, (1956).
2. JADASSOHN, W., H. E. FIERZ und A. HUBER: Dermatologica (Basel) **86**, 17 (1942).
3. —, F. SCHAAF, und W. LAETSCH: Arch. Derm. Syph. (Berl.) **171**, 461 (1935).
4. —, und M. B. SULZBERGER: Klin. Wschr. **11**, 857 (1932).
5. —,— JESSNER, M., und H. HOFFMANN: Arch. Derm. Syph. (Berl.) **145**, 187 (1924).
6. —, —: Arch. Derm. Syph. (Berl.) **151**, 98 (1925).
7. MARTINEZ, B. L., und I. DEL REY CALERO: Hautarzt **11**, 532 (1960).
8. PECK, S. M., H. ROSENFELD und A. W. GLICK: Arch. Derm. Syph. (Chicago) **42**, 426 (1940).

Dr. H. C. STURDE und
Dr. M. REICHENBERGER
43 Essen, Hufelandstr. 55

Dr. H. RIETH
2 Hamburg-Eppendorf, Uni.-Hautklinik

Aus der I. Wiener Univ.-Hautklinik
(Vorstand: Prof. Dr. J. TAPPEINER)

Zur allergenen Wirksamkeit saprophytischer Sproßpilze des Intestinaltraktes

O. MALE

Bei routinemäßigen Reihentestungen, die an der I. Wiener Univ.-Hautklinik seit mehreren Jahren bei verschiedensten Dermatosen durchgeführt werden, ergaben sich immer wieder positive Reaktionen auf Candidaantigen, die weder mit manifesten, noch mit katamnestisch erfaßbaren Candida-Mykosen in Übereinstimmung gebracht werden konnten. Da sie hingegen nicht selten mit anderen aus unerfindlichen Gründen positiven Reaktionen —

so z.B. auf verschiedene Bakterien, meist Coli oder verschiedene Kokken — vergesellschaftet waren, wurden sie vorerst als unspezifisch angesehen und verworfen. Bei zahlenmäßigem Anwachsen der Untersuchungsergebnisse zeigten sich jedoch immer wieder auch isoliert positive Reaktionen, die überdies so außergewöhnlich heftig waren, daß an ihnen nicht länger vorübergegangen werden konnte. Diese speziellen Fälle wurden deshalb gesammelt und einerseits nach den in Behandlung stehenden Dermatosen, anderseits nach hervorstechenderen abnormen Befunden geordnet. Hierbei ergab sich bei den Diagnosen im ganzen zwar ein weites Spektrum, das nahezu sämtliche Hautkrankheiten umfaßte, quotenmäßig jedoch eine ganz außerordentliche Betonung der chronisch rezidivierenden Urticaria erkennen ließ. Noch interessanter erwies sich die Gegenüberstellung der positiven Testresultate mit den erhobenen pathologischen Befunden. Hier ergab sich eine ganz auffallende Korrelierung mit gastrointestinalen Dysfunktionen. Da nun erfahrungsgemäß die chronisch rezidivierende Urticaria ihrerseits in 50 bis 60 % der Fälle mit Magen-Darmstörungen vergesellschaftet ist, legten diese Feststellungen nahe zu untersuchen, ob die cutane Überempfindlichkeit nicht auch hier immunologische Beziehungen zwischen innerer und äußerer Oberfläche widerspiegle, wie dies bekanntlich etwa bei nutritiven oder respiratorischen Allergien der Fall ist.

Wir untersuchten deshalb die Magen- und Duodenalsäfte derartiger Patienten auf allfällige Candidaanwesenheit. Tatsächlich fand sich dabei praktisch ausnahmslos ein außergewöhnlich reichliches Vorkommen diverser Sproßpilze; in erster Linie Vertreter der Candidagruppe, aber auch Geotrichum-, Trichosporonarten u. a. In selteneren Fällen (und zwar vor allem bei Hyperaciden) wurden diese Myzeten alleine, in der Mehrzahl und zwar hauptsächlich bei Hyp- oder Anaciden gemeinsam mit verschiedenen Bakterien (vor allem Proteus, Kokken und seltener B. coli) angetroffen. Die offenbare Terraindisposition für die genannten Saprophyten bzw. Nosoparasiten war durch gleichzeitig bestehende, klinisch auch stark hervortretende Schleimhautalterationen gegeben. Nach gastroenterologischer Beurteilung resultierten die letzteren aus schon länger bestehender Dysfermentie, Dysacidität oder Achylie; ein Anhalt für einen myzetischen Entstehungsgrund ergab sich erwartungsgemäß nicht.

Die Übereinstimmung der positiven Cutantestbefunde mit diesen Myzetenfunden bei gleichzeitiger Schleimhautalteration legte nahe, den immunologischen Zusammenhang analog demjenigen aufzufassen, der aus der allgemeinen Allergielehre bei z.B. „Dysbakterie" der oberen Dünndarmabschnitte bekannt ist. Die Pathogenese stellt sich danach folgendermaßen dar: zufolge einer gastrischen oder duodenalen Funktionsstörung kommt es zur Irritation der Dünndarmschleimhaut, die dadurch zum günstigen Terrain für verschiedene Schmarotzer (meist Bakterien, selten Protozoen und, wie nunmehr festzustellen war, auch Pilzen) wird. Daneben wirkt sich die Schleimhautaffektion aber auch in funktioneller Hinsicht aus. So vor allem in einer Störung der Permeabilität und der Resorptionsselektivität. Durch diese abnorme Situation wird antigenen Substanzen das Passieren der Darmepithelschranke möglich. Je nach Gegebenheit im betroffenen Intestinalabschnitt können diese Antigene einmal von Bakterien, einmal von Pilzen oder Protozoen stammen, können aber auch alimentäre Substanzen sein, die zufolge der Dysfermentie nicht genügend denaturiert sind. Nach Überschreiten der Darmbarriere führen die antigenen Substanzen zur Produktion zirkulierender wie auch zellständiger Antikörper und damit zur Ausbildung der Allergie.

Soweit der hier nur im Prinzipiellen darstellbare pathogenetische Ablauf. Ob er zu manifesten krankhaften Erscheinungen führt, ist weitgehend quantitätsabhängig. Naturgemäß müssen die durch die Darmwand gelangenden Antigenmengen so groß sein, daß die Kapazität verschiedener, noch zu passierender Antigenfilter — deren wichtigstes die Leber ist — überfordert wird. Erfahrungsgemäß ist dies dann der Fall, wenn entweder eine hepatale Funktionsstörung vorliegt oder wenn die bereits chronisch bestehende leichtere Darmschleimhautalteration der vorhin geschilderten Genese durch einen zusätzlichen Streß (z.B. einen akuten Infekt oder eine ingestierte Noxe) entsprechend intensiviert wird.

Dieser vereinfacht dargestellte enterogene Allergisierungsmodus ist bei intestinaler Dysbakterie heute allgemein anerkannt. Daß eine pathogenetisch analoge „Dysmyzetie" zu prinzipiell gleichartigen Folgeerscheinungen führt, ist also bereits theoretisch sehr wahrscheinlich.

Um diese Annahme zu objektivieren, wurden nun einige, vorläufig grob orientierende Untersuchungen ausgeführt. Zunächst war zu prüfen, ob die im Intracutantest erhobenen Resultate mit den nachweisbaren Enteralsaprophyten in Übereinstimmung standen. Wie nicht anders zu erwarten, waren die mit handelsüblichen Antigenen ermittelten Testergebnisse wenig spezifisch. So ergab z.B. die Testung mit Candida albicans-Antigen von Bencard praktisch bei Vorkommen jedweder Sproßpilze im Duodenum derartiger Patienten, gleichgültig ob es sich um Vertreter der Candidagruppe oder um Geotrichumarten handelte, positive Resultate. Lediglich der Reaktionsgrad war bei den letzteren schwächer. Da diese Untersuchungen vorerst ohnehin keine Beweise sondern nur Hinweise liefern sollten, waren sie gleichwohl von Nutzen. Als nächster Schritt wurden die im Gastrointestinalbereich gefundenen Sproßpilze gezüchtet, isoliert und zu Antigenen verarbeitet. Die Herstellung erfolgte nach der Methode, die von Westphal und Mitarbeitern zur Trennung der Polysaccharide von den Proteinen bei verschiedenen gramnegativen Bakterien entwickelt wurde. Von den so gewonnenen Antigenen erwies sich der Polysaccharidanteil erwartungsgemäß immer noch nicht als artspezifisch, aber doch bereits wesentlich brauchbarer als die handelsüblichen Antigene. Wurde nicht nur der positive Reaktionsausfall an sich, sondern auch dessen graduelles Ausmaß beurteilt, so konnten bei entsprechender Untersuchungstechnik nunmehr recht brauchbare Resultate gewonnen werden.

Die Polysaccharidfraktion wurde nun erstens im klassischen sowie im indirekten Prausnitz-Küstner'schen Versuch, zweitens nach einer modifizierten Gutzeit-Methode und drittens nach dem Urbach-Löwenstein'schen Verfahren angewandt, wodurch sowohl der Antigendurchtritt durch die Darmwand, als auch das Vorliegen zellständiger wie zirkulierender Antikörper nachweisbar war. (Auf Einzelheiten der genannten Verfahren kann verzichtet werden, da es sich durchwegs um Standardmethoden handelt.)

Wie bereits ausgeführt wurde, waren die verwendeten Antigene wohl nicht völlig spezifisch; da es in unserer Fragestellung jedoch nur darum ging, eine bereits a priori sehr wahrscheinliche Beziehung zwischen nachgewiesenem endogenem Keim und cutaner Überempfindlichkeit zu bestätigen, kommt den gewonnenen Resultaten nach unserem Ermessen trotzdem weitgehende Beweiskraft zu. Dies umsomehr, als sich bei bestehender Dysmyzetie durch künstliche Reizung der Intestinalschleimhaut jeweils prompt ein urticarieller Schub provozieren ließ, anderseits sämtliche unserer derartigen Urticariafälle durch Beseitigung der enteralen Saprophyten (z.B. durch Behandlung mit Mykostatin) innerhalb kürzester Zeit erscheinungsfrei gemacht werden konnten. Wurde nach erfolgter Darmsterilisierung neuerlich eine ingestive Reizung durchgeführt, so gelang es damit charakteristischerweise meist nicht mehr, einen Urticariaausbruch auszulösen.

Selbstverständlich sind in derartigen Fällen alleinige antimyzetische Maßnahmen unzureichend. Naturgemäß muß die Therapie primär oder mindestens zusätzlich auch die gastroenterale Grundstörung zu beseitigen trachten, um die andernfalls fast zwangsläufige Neufestsetzung von Saprophyten hintanzuhalten. Um auch der in den weiter aboralen Darmabschnitten meist gleichzeitig bestehenden Sproßpilzüberwucherung entgegenzuwirken, erwies es sich zweckmäßig, darüber hinaus auch eine normale bakterielle Standortflora einzubringen.

Die praktische Bedeutung, die aus dem Ausgeführten resultiert, ist folgende:

Es gelingt unter Berücksichtigung des Gesagten, einen nennenswerten Anteil chronischer Urticariafälle, die bisher häufig incurabel waren, ätiotrop zu behandeln und damit — wenigstens temporär — erscheinungsfrei zu machen. Weiterhin ergeben sich nützliche Gesichtspunkte für die Beurteilung von Cutantestergebnissen und wahrscheinlich auch für bestimmte serologische Belange. Schließlich wird das Augenmerk auf die Bedeutung der bisher offensichtlich doch allzusehr vernachlässigten Intestinalsaprophyten gelenkt.

Zusammenfassung

Bei routinemäßigen Cutantestungen festgestellte häufige Koinzidenzen von positiven Reaktionen auf Candida-Antigen, chronischer Urticaria und Magen-Darmstörungen veranlaßten zu Untersuchungen der Magen und-

Duodenalsäfte derartiger Patienten. Da hierbei in Übereinstimmung mit den Cutantestergebnissen sehr regelmäßig massive und permanente Sproßpilzvorkommen festzustellen waren, erschien eine allergene Wirksamkeit dieser Enteralsaprophyten wahrscheinlich, was durch verschiedene allergologische und einzelne serologische Untersuchungen weitgehend objektiviert werden konnte.

Literatur

Banić, S.: Antagonistische Wirkung von Enterobacteriaceen auf Staphylokokken und Candida albicans. Z. Bakt. Parasitenkde. Abt. I Orig. **180,** 27—29 (1960).

Bergljot I. Torheim: Immunochemical Investigations in Geotrichum and Certain Related Fungi I. b. II. Sabouraudia **2,** 145—163 (1963), III. and IV. Sabour. **2,** 292—316 (1963).

Castelain, P.-Y., J. Besson et A. Schröder: Contribution à l'étude étiologique des urticaires chroniques. Bulletin de la Société Francaise de Dermat. et de Syphiligraphie **66,** 721—729 (1959).

—, et J. Besson: Rôle de l'allergie bactérienne dans l'étiologie de certaines urticaires. Bulletin de la Société Française de Dermat. et de Syphiligraphie **68,** 72—74 (1961).

—, J. Besson, B. Timon-David et J. Berato: L'allergie bactérienne. Revue Française d'Allergie 2, Avr.-Juin (1961).

Conant, N. F., D. T. Smith, R. D. Baker, J. L. Callaway and D. S. Martin: Manual of Clinical Mycology Ed. II W. B. Saunders Comp. Philadelphia 1954.

Dobias, B.: Sepcific and nonspecific immunity in candidainfections. Acta medica scandinavia 1964, Suppl. 421.

Fahrländer, H. J.: Über Hefe- und Schimmelpilzallergien mit gastrointestinaler Reizantwort Gastroenterologica **89,** 153—159 (1958).

—, Allergie und Dünndarm. Bibliotheca Gastroenterologica **2,** 169—184 (1960).

Fischer, J.: Zur Beeinflussung der Serumbakterizidie. Schweiz. Z. allg. Pathol. u. Bakteriol. **22,** 827—843 (1959).

Hansen, K.: Allergie, Georg Th. Verl. 1957.

Hertel, H. W.: Die unspezifische Infektionsabwehr in tierexperimenteller Sicht unter besonderer Berücksichtigung der Endotoxinwirkung. Behringwerk-Mitteilungen **40,** 7—49 (1961).

Illig, L.: Die urtic. Kältereakt. als Klin. Modell für Untersuchungen zur Path. u. Ther. d. Urticaria. Arch. f. Derm. u. Syph. **195,** 549—578 (1953).

Kärcher, K. H.: Zur Klinik und Pathogenese d. Soorinfektion. Z. H. u. Gesch. Krk. **24,** 321—330 (1958).

Kalkoff, K. W.: Die Candidamykose. Fortschr. d. prakt. Derm. u. Venerologie **4,** 137—151 (1962).

Lindemayr, W.: Ätiologische Probleme bei chron. Urticaria. I. Derm. Wschr. **130,** 1334—1340 (1954); II. Derm. Wschr. **132,** 865—871 (1955).

—, Urticaria. Z. H. u. Gesch. Krkh. **31,** 52—59 (1961).

Meyer Rohn, J.: Über die Candida Mykose. Z. H. u. Gesch. Krk. **29,** 11—25 (1960).

—, Das Verhalten des Harnindikans bei Urticaria. Hautarzt **12,** 396—398 (1961).

Mackenzie, D. W. R.: Yeasts from Human sources. Sabouraudia I, **1,** 8—15 (1961).

Memmesheimer, A. R., E. G. McNall and T. H. Sternberg: Studies of Fungistatic Activity in Normal Human Blood Serum. Sabouraudia **2,** 1—7 (1962).

Morenz, G.: Geotrichum candidum Link. J. Ambr. Barth Verl. Leipzig 1962.

Nishizaki, K.: A clinical study on relationships between urticaria chron. and bacterial flora inside the body. Acta derm. (Kyoto) **55**, 15 (1960); zit. Zbl. H. u. G. **107**, 231 (1960).

Petzoldt, D.: Ätiolog. Faktoren b. chron. Urticaria. Med. Klin. **34**, 1333–1336 (1964).

Rieth, H.: Untersuchungen zur Hefediagnostik in der Dermatologie. Arch. f. klin. u. exp. Derm. **207**, 4, 413–430 (1958).

Saneschiga, A.: Zur Pathogenese und Trichomycin Therapie der Candidiasis. Münchn. med. Wschr. **5**, 187–191 (1958).

Schirren, C., H. Rieth und H. Koch: Tierexperimentelle Untersuchungen zur Pathogenität von Hefepilzen. Arch. klin. exp. Derm. **210**, 86–122 (1960).

Seeliger, H. P. R.: Mycolog. Serodiagnostik. J. A. Barth Verl. 1958.

— Immuno-Chemistry of Fungi. Mycosen 7, 1–82 (1964).

Shelley, W. B., and R. Florence: Chronic urticaria doe to mold hypersensitivity. Arch. Derm. (Chicago) **83**, 549–558 (1961).

Spier, H. W.: Therapiekatamnese chron. Urticaria. Hautarzt **6**, 521 (1955).

Taschdjian, C. L., G. B. Dobkin, L. Caroline and P. J. Kozinn: Immune Studies relating to Candidiasis. Sabouraudia **3**, 129–139 and **3**, 312–320 (1964).

Tomšikova, A.: Bedeutung der Serologie in der Taxonomie der Hefen und hefeähnlichen Mikroorganismen in der Diagnostik. Vortrag am Symposion über Hefen und Sproßpilze der Tschechoslovak. Akademie der Wissenschaften; Smolenice 1.–2. Juni 1964.

Wernsdörfer, R.: Untersuchungen über die ätiologische Bedeutung von Begleitsymptomen bei d. allerg. Urticaria. Arch. klin. exp. Derm. **213**, 472–477 (1961).

Westphal, O., O. Lüderitz und F. Bister: Über die Extraktion von Bakterien mit Phenol/Wasser. Z. Naturforschung 7b, 148–155 (1952).

Windisch, S. und F. Staib: Vorkommen von Hefen im Darmtrakt Gesunder. Z. Bakt., Parasiten Kde., Inf. Krk. u. Hyg. I. Orig. **164**, 493–507 (1955).

Dr. O. Male
I. Wiener Univ.-Hautklinik
Wien

Aus der Hautklinik der Westfälischen Wilhelms-Universität Münster
(Direktor: Prof. Dr. med. P. Jordan)

Candidiasis als Superinfektionsproblem

F. Fegeler und B. Biess

Es besteht kein Zweifel, daß die „Soormykosen" in den letzten Jahren zugenommen haben. Wesentlich beteiligt an dieser Zunahme sind die Erkrankungen, die durch Superinfektion entstehen.

Candidaarten, besonders Candida albicans werden in unterschiedlicher Häufigkeit in der Mundhöhle und auf der Haut als Saprophyten angetroffen.

Unter bestimmten Voraussetzungen nehmen sie parasitäre Eigenschaften an.
Ursachen hierfür sind:

1. Herabsetzung der Resistenz des Wirtes durch Infektionskrankheiten, Marasmus und Stoffwechselkrankheiten (bes. Diabetes mellitus).
2. Schwächung der immunologischen Abwehr durch Medikamente (speziell Cortison).
3. Superinfektionen infolge Antibioticatherapie.

In den letzten Jahren kamen in die Hautklinik Münster 46 Patienten primär wegen ihrer Candidiasis stationär zur Aufnahme. Bei 5 weiteren Patienten trat die Candidainfektion unter der stationären Behandlung mit Antibiotica oder Cortison auf. Nicht berücksichtigt sind die Patienten, bei denen eine Candidiasis (vorwiegend der Zwischenzehenräume) als Neben- oder Zufallsbefund aufgedeckt wurde. Bei 36 von 51 Patienten war für das Auftreten der Candidiasis eine mittelbare Ursache festzustellen, bei 15 gelang dies nicht. Häufigste mittelbare Ursache war eine dem Auftreten der Candidiasis unmittelbar vorausgegangene Antibioticabehandlung (17 Pat.). Danach folgte in unserem Krankengut der Diabetes. Eine Gravidität und eine kombinierte Antibiotica- und Cortisonbehandlung waren je dreimal die mittelbare Ursache. Cortisonbehandlung allein führte zweimal zum Auftreten einer Candidiasis, einmal war offenbar eine Ariboflavinose die mittelbare Ursache. In 15 Fällen konnte anhand der Aufzeichnungen im Krankenblatt keine mittelbare Ursache gefunden werden; es war allerdings in diesen Fällen nicht ausdrücklich nach einer vorausgegangenen antibiotischen Behandlung gefragt worden.

Betrachtet man die klinischen Bilder der Candidaerkrankungen, so ergeben sich einige interessante Gesichtspunkte. Am häufigsten kam es nach einer Antibioticatherapie zu einer Vulvovaginitis bzw. einer Intertrigo candidamycetica. Dagegen war die häufigste mittelbare Ursache einer Intertrigo candidamycetica ein Diabetes mellitus. Bei beiden Patientinnen mit einer generalisierten Candidiasis war eine länger dauernde Behandlung mit Antibiotica vorausgegangen. In einem Fall wurde wegen einer tuberkulösen Meningitis eine Streptomycin-, im anderen wegen einer Lues eine Penicillin-Behandlung durchgeführt. Die Erosio interdigitalis und die Onychia und Paronychia candidamycetica treten nur selten im Gefolge einer Antibioticabehandlung auf. Hier sind ähnlich wie bei den Onychomykosen durch Dermatophyten Kreislaufstörungen wesentliche Mitursachen für das Auftreten der Candidiasis, worauf gemeinsam mit Forck bereits früher hingewiesen wurde. Auf das relativ häufige, auch von uns gerade in letzter Zeit konsiliarisch beobachtete Auftreten einer Candidiasis bei Frühgeborenen nach Antibioticatherapie soll an dieser Stelle nur hingewiesen werden.

Die Diagnose einer Candidiasis der Haut und Schleimhaut ist im allgemeinen leicht zu stellen, wenn man an die Möglichkeit ihres Auftretens denkt. Sie hat typische Lokalisationen, z.B. Fingerzwischenräume, intertriginöse Hauptpartien (submammär Leistenbeugen sowie perianogenital) und ein typisches Bild (oberflächliche kleinfleckige oder auch flächenhafte Erosionen mit flottierenden Epithelsaum und schlaffe Pusteln ohne oder mit geringen Erythemsaum). An der Schleimhaut erlauben die weißlichen schwammartigen Beläge immer die Verdachtsdiagnose. Diese können jedoch fehlen, so daß bei hartnäckigem Juckreiz im Anogenitalbereich, insbesondere unter Antibioticatherapie oder bei Diabetes mellitus immer an eine Candidiasis gedacht werden sollte.

Für die Pathogenese der Superinfektion durch Candidaarten nach Antibioticatherapie werden folgende Entstehungstheorien angenommen:

1. Direkte Stimulierung der Candidaarten.
2. Störung der anthropomikrobiellen Symbiose.
3. Vernichtung vitaminsynthetisierender Bakterien.
4. Behinderung der Antikörperbildung.

Die Frage, ob eine direkte Stimulierung der Candidaarten durch Antibiotica für die Superinfektion von Bedeutung ist, ist trotz zahlreicher Untersuchungen auf diesem Gebiet bisher am wenigsten geklärt. Die Zahl der Autoren, die dies bejahen, halten sich mit denen, die es verneinen, etwa die Waage. Trotz zahlreicher eigener Versuche mit verschiedensten Untersuchungsmethoden und unter verschiedensten Versuchsbedingungen (bakteriologisch, biochemisch, nephelometrisch, Warburg) konnte bisher keine signifikante Wachstumssteigerung gegenüber den Kontrollen festgestellt werden.

Die Störung der anthropomikrobiellen Symbiose als wesentlicher Faktor für die Superinfektion durch Pilze nach Antibitoticatherapie wird von niemanden ernstlich bezweifelt und konnte von uns selbst in zahlreichen in vitro und in vivo Versuchen an Mäusen nachgewiesen werden.

Daß durch die *Vernichtung vitaminsynthetisierender* Bakterien unter lange durchgeführter Antibioticatherapie Mangelerscheinungen entstehen können, ist klinisch beobachtet worden. Daß auf dem Boden dieser Mangelerscheinungen (z.B. Perlèche bei Ariboflavinose) sich Candidapilze leichter ansiedeln, kann nicht bezweifelt werden.

Wenig geklärt und experimentell untersucht ist die Frage, ob Antibiotica die Antikörperbildung stören. In eigenen Versuchen, die bisher allerdings nur bei einigen Tieren durchgeführt wurden, scheint dies der Fall zu sein. Größere Reihenuntersuchungen sind von uns vorgesehen.

Selbst wenn alle vier aufgeführten Faktoren mitursächlich für die Superinfektion in Frage kommen, hat mit Sicherheit die Störung der anthropomikrobiellen Symbiose die größte Bedeutung.

Auch für die *Prophylaxe* und *Therapie* ist es wichtig, immer an die Möglichkeit der Superinfektion durch Pilze zu denken. Oft kann eine wichtige antibiotische Behandlung fortgesetzt werden, wenn gleichzeitig eine lokale oder eine mit einem fungistatisch wirksamen Antibioticum kombinierte Behandlung durchgeführt wird. Moronal, Trichomycin oder Pimaricin reichen meistens aus. Nur bei generalisierten Formen und bei Organmykosen oder gar einer Candidasepsis wird Amphotericin B erforderlich sein.

Zusammenfassung

Häufigste mittelbare Ursachen für das Auftreten einer Candidiasis ist eine Superinfektion nach antibiotischer Behandlung, erst danach folgt der Diabetes mellitus. Wichtigstes pathogenetisches Moment für die Entstehung der Superinfektionen ist der Eingriff der Antibiotica in die anthropomikrobielle Symbiose.

Literatur

Fegeler, F.: Nebenwirkungen der Antibioticatherapie vom mykologischen Standpunkt, Z. f. Haut- und Geschlechtskrkh. **26**, 249 (1959) u. Mykosen, **1**, 147 (1958) u. **2**, 26 u. 50 (1959).

Kärcher, K. H.: Die Candidamykose in Jadassohn: Handb. d. Haut- u. Geschlechtskrkh. Ergänzungsband IV/4, Berlin-Göttingen-Heidelberg: Springer 1963.

Prof. Dr. F. Fegeler
Oberarzt der Hautklinik
der Westf. Wilhelmsuniv.
44 Münster

Aus der Kinderklinik der Universität München
(Direktor: Prof. Dr. med. A. Wiskott)

Beitrag zur Klinik und Therapie der Candidamykose im Kindesalter

G. Neuhäuser

Mit 1 Abbildung

Bei Früh- und Neugeborenen, dystrophen Säuglingen und schwerkranken Kleinkindern werden Soorbeläge auf der Mundschleimhaut nicht selten beobachtet; nach allgemeiner Erfahrung treten sie unter antibiotischer Behandlung häufiger auf. Sie können zum Ausgangspunkt generalisierter Pilzinfektionen werden. Derartige Komplikationen im Kindesalter wurden seit den Mitteilungen von Polonowski (1951) aus Frankreich und Vivell und Germer aus Deutschland immer wieder beschrieben (siehe bei Gefferth). Ob sie allerdings wirklich häufiger vorkommen als früher, ist auf Grund der vorliegenden Kasuistik nicht abzuschätzen (vgl. Adam); gemessen an der gerade bei Kindern hochdosierten Antibioticatherapie handelt es sich jedenfalls um Raritäten.

Die Zusammenhänge zwischen antibiotischer Behandlung und Pilzbefall des Organismus oder Generalisierung der Pilzinfektion konnten bisher nicht eindeutig geklärt werden; wahrscheinlich sind mehrere zusammenwirkende Faktoren verantwortlich zu machen. An der Kinderklinik der Universität München wurden in den letzten beiden Jahren zwei Fälle generalisierter Candidamykosen beobachtet. Über den ersten, eine Candida-Meningitis nach Antibioticabehandlung beim Säugling mit letalem Ausgang haben Mayser, Linzenmeier und Nolte berichtet. Hier soll der zweite Fall erörtert werden, bei dem eine Candidainfektion des Harntraktes im Vordergrund stand. Obwohl die Ausscheidung von Candida durch den Urin bei antibiotisch behandelten Patienten keine Seltenheit ist (10 % nach Ballowitz und Schäfer, 20—30 % nach Bergmann und Lipsky gegenüber 0,1 % (Beck und Löhlein) bzw. 2,1 % (Bergmann und Lipsky) bei normalen Personen), wurden doch bisher nur wenige Fälle mitgeteilt, bei denen die Nierenaffektion durch Candida das klinische Bild beherrschte. Es soll versucht werden, an diesem Beispiel die Auseinandersetzung des kindlichen Organismus mit der Pilzinfektion aufzuzeigen.

Bei einem 3,7 Jahre alten Jungen kam es nach zunächst erfolgreicher antibiotischer Therapie einer otogenen Pneumokokkenmeningitis zum Rezidiv, dessen Ursache durch bakteriologische Untersuchung nicht geklärt werden konnte. Unter Behandlung mit verschiedenen Antibiotica (Chloramphenicol, Oxacillin, Methicillin, Tetracyklin), Sulfonamiden, Nitrofuranen und Kortikoiden ließ sich der zunehmend bedrohlichere Zustand des Kindes nicht bessern. Es trat ein Mundsoor auf, der mit Pyoktaninpinselung und Moronalgaben behandelt wurde.

Im Urin fanden sich neben entzündlichen Veränderungen konstant Erythrozyten; außer einer bakteriellen Mischflora (Enterokokken, Escherichia coli, Klebsiellen, Proteus, Pyocyaneus) war immer wieder Candida albicans nachzuweisen (die bakteriologischen Untersuchungen wurden von Prof. Dr. G. Linzenmeier, Max-von-Pettenkofer-Institut d. Univ. München durchgeführt). Bei normalem Blutdruck kam es zur Oligurie, Einlagerung von Ödemen und Anstieg des Reststickstoffs im Serum auf Werte um 100 mg%.

Das Krankheitsbild wurde als Pyelonephritis aufgefaßt und der Superinfektion durch den Soorpilz keine Bedeutung beigemessen. Plötzlich aber schied der moribunde Junge mit dem Urin graubraune, schleimige, fast bleistiftdicke Massen aus, die sich bei mikroskopischer Untersuchung als Pilzkonglomerate erwiesen. In sie waren massenhaft Erythrozyten eingelagert. Durch mykologische Untersuchung (Prof. Dr. H. Röckl, Dermatolog. Klinik d. Univ. München) konnte Candida albicans eindeutig nachgewiesen werden.

Wir behandelten nun mit Amphotericin B (0,25—0,75 mg/kg KG, langsam steigernd in 2-tägigen Abständen; insgesamt 15 mg Substanz, verteilt auf 6 Infusionen) unter entsprechenden Vorsichtsmaßregeln (Applikation von Antipyretica und Kortikoiden vor der Infusion). Das Medikament wurde komplikationslos vertragen; der Therapieerfolg überraschte: Schon nach der ersten Infusion von Amphotericin B normalisierten sich die septischen Temperaturen, sistierte das andauernde Erbrechen, sank der Reststickstoff auf normale Werte ab. Im Urin waren Pilze nicht mehr nachzuweisen; die anfangs positiven serologischen Reaktionen (Prof. Dr. H. Seeliger, Hygiene-Institut d. Univ. Bonn) normalisierten sich.

Im Diagramm (Abb.) sind die wesentlichen Blutbefunde zusammengestellt: Während sich der Reststickstoff sofort nach Therapie mit dem Fungistaticum normalisierte, blieb die Blutsenkung lange Zeit hoch, offenbar als Ausdruck der noch ablaufenden Reaktionen des Organismus zur Überwindung der Pilzinfektion; dies spiegelte sich auch in den elektrophoretischen Befunden wieder (Erhöhung der Alpha-2- und Gamma-Globulinwerte). Die anfangs stark vermehrten Leukocyten fielen nur allmählich zur Norm ab; während zuerst die Granulozyten überwogen, bildete sich in der Heilungsphase eine deutliche Lymphocytose aus. Die Komplementbindungsreaktion wurde rasch normal, der Agglutinationstiter fiel dann allmählich zur Norm ab.

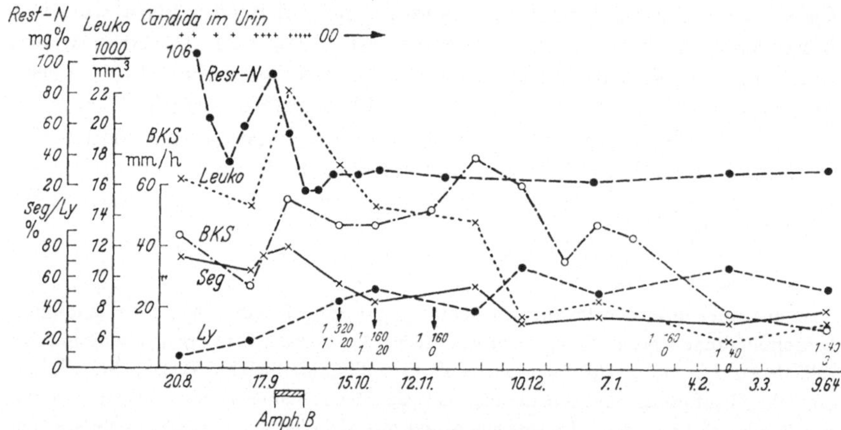

Abb. Graphische Darstellung der Werte von Reststickstoff, Blutsenkung (BKS), Gesamtzahl der Leukocyten mit Anteil von Granulocyten (Seg) und Lymphocyten des beschriebenen Falles vor und nach Behandlung mit insgesamt 15 mg Amphotericin B. Pfeile: Titer der serologischen Reaktionen (Komplementbindung und Agglutination)

Eine Beeinträchtigung der Nierenfunktion war während und nach der Behandlung nicht festzustellen. Im intravenösen Pyelogramm fand sich lediglich ein plumpes linkes Nierenbecken, wohl als Ausdruck entzündlicher Vorgänge. Die Konzentrationsfähigkeit der Nieren war nicht eingeschränkt.

Nach Überwinden der akuten Erscheinungen mußten mehrere Folgezustände der schweren Erkrankung festgestellt werden: Die Pneumokokkenmeningitis hinterließ eine hochgradige Schwerhörigkeit. Narben chorioretinitischer Herde beeinträchtigen das Sehvermögen eines Auges, in Anlehnung an die Befunde von Lemmingson und Vogel kann dies wohl als Folge einer Candidametastasierung ins Sehorgan gedeutet werden.

Sechs Wochen nach Abschluß der Amphotericin-B-Behandlung entstand bei gutem Allgemeinbefinden des Kindes unter geringfügigen Beschwerden ein Erguß im linken Kniegelenk. In dem goldgelben Punktat waren keine Erreger nachzuweisen. Nach Ruhigstellung kam es spontan zur Resorption, leichte Schmerzen bestanden noch einige Zeit. Im Röntgenbild zeigten sich osteolytische Destruktionen an beiden Femurmetaphysen und -epiphysen, die auf eine Candidaosteomyelitis bzw. -osteochondritis hindeuten (Schmid). Sie gingen ohne Allgemeinreaktionen, nur mit geringen einseitigen Beschwerden einher. Bei der letzten Untersuchung (Sept. 1964) waren bei völliger Symptomfreiheit röntgenologisch bereits reparative Vorgänge zu erkennen.

Auf Grund vielfacher Erfahrungen und unserer Beobachtungen sind für die Praxis folgende Forderungen abzuleiten:

Soorbeläge beim antibiotisch behandelten Kind sollten rechtzeitig die Therapie mit einem Pilzspezifikum (z.B. Nystatin, Moronal) veranlassen. In manchen Fällen dürfte die gleichzeitig antibiotisch und antimykotisch wirksame Behandlung zweckmäßig sein (DHOM, STAIB und STRÖDER). Während durch Pinselung der Candidabeläge mit Pyoktanin nur ein lokaler Effekt zu erzielen ist, kann durch Applikation des schwer resorbierbaren Nystatin die meist gleichfalls vorhandene Besiedlung des Magen-Darmtrakts beseitigt werden. Dem Nachweis von Candida im Säuglingsstuhl ist eine entsprechende Beachtung zu schenken. Darüberhinaus ist aber auch der Befall des Harnapparates durch Hefepilze, ihr Vorkommen im Urin als „Warnsignal" aufzufassen.

Auf eine Generalisierung der Pilzinfektion deuten schwere Allgemeinsymptome hin, wie Anorexie, Erbrechen, Durchfälle, unregelmäßige Temperaturerhöhung trotz Antibioticatherapie, Leukocytose und Beschleunigung der Blutsenkung (GEFFERTH); für Nierenbefall spricht eine Erythrocyturie bei mehrfachem Nachweis von Hefepilzen. Niereninsuffizienzerscheinungen (Oligurie bis Anurie, Ödeme, Reststickstoffsteigerung) lassen sich nur in seltenen Fällen beobachten.

Entsprechender Verdacht muß durch kulturelle und serologische Untersuchungen erhärtet werden und sollte rechtzeitig die Behandlung mit dem Pilzspezifikum Amphotericin B veranlassen. Sie gilt auf Grund der bisherigen Erfahrungen (ADAM) auch im Kindesalter als Therapie der Wahl und vermag früher deletär verlaufende Erkrankungen günstig zu beeinflussen. Bei vorsichtiger Dosierung, beginnend mit 0,20—0,25 mg Amphotericin B pro kg KG und Steigerung um 0,05—0,10 mg in zweitägigen Abständen bis auf 1,0—1,5 mg, lassen sich Komplikationen gut beherrschen. Niereninsuffizienzerscheinungen dürfen nach unserer Erfahrung nicht als Kontraindikation gelten, obwohl passagere Reststickstoffsteigerungen unter Amphotericin-B-Behandlung beobachtet wurden.

Unser Fall, bei dem mit nur 15 mg fungistatischer Substanz eine Heilung der generalisierten Candidamykose erzielt werden konnte, zeigt aber auch, daß den Abwehrkräften des Organismus die entscheidende Bedeutung bei der Überwindung der Pilzinfektion zukommt. Als unterstützende Maßnahme hat die Gabe von Vitaminen (besonders Vitamin A und B), Bluttransfusionen und Plasmainfusionen zu gelten.

Zusammenfassung

Es wird über einen Fall von Candidamykose nach Antibioticabehandlung im Kindesalter berichtet. Dabei beherrschte die Pilzbesiedlung des Harntraktes das klinische Bild: Neben schweren Allgemeinsymptomen (septische

Temperaturen, Anorexie, Erbrechen, Leukocytose, Beschleunigung der Blutsenkung) wurden Erythrocyturie, Oligurie und Reststickstoffsteigerung bei häufigem, massivem Nachweis von Candida albicans im Urin beobachtet.

Durch Behandlung mit insgesamt 15 mg Amphotericin B konnte der Krankheitsverlauf günstig beeinflußt werden. Anhand der Befunde wird die Auseinandersetzung des kindlichen Organismus mit der generalisierten Pilzinfektion dargelegt. Den Abwehrkräften des Körpers kommt dabei besondere Bedeutung zu.

Nachweis von Candida im Urin ist als „Warnsignal" zu werten und sollte rechtzeitig eine antimykotische Therapie veranlassen.

Literatur

Adam, W.: Mykosen; in W. Marget und M. Kienitz: Praxis der Antibioticabehandlung im Kindesalter. Stuttgart: Thieme 1964.

Dhom, G., F. Staib und J. Ströder: Zur Frage der Pathogenität der Candida tropicalis im Kindesalter. Arch. Kinderheilk. **170**, 1–12, 221–233 (1964).

Gefferth, K.: Die Moniliasis; in H. Opitz und F. Schmid: Handbuch der Kinderheilk., Bd. V. Berlin-Göttingen-Heidelberg: Springer 1963.

Lemmingson, W., und Th. Vogel: Uveo-meningo-enzephalitisches Syndrom bei generalisierter Mykose. Klin. Mbl. Augenheilk. **145**, 29–42 (1964).

Mayser, P., G. Linzenmeier und H.-J. Nolte: Candida-Meningitis nach Antibioticabehandlung. Münch. med. Wschr. **105**, 1199–1204 (1963).

Neuhäuser, G.: Soor-Mykose der Nieren nach Antibioticabehandlung im Kindesalter. Z. Kinderheilk. **91**, 85–92 (1964) (dort weitere Literatur).

Schmid, F.: Persönliche Mitteilung.

Vivell, O., und I. Germer: Soorpilzinfektionen und Antibioticatherapie. Kinderärztl. Prax. **20**, 97–104 (1952).

Dr. med. G. Neuhäuser
Univ.-Kinderklinik
8 München 15
Lindwurmstr. 4

Aus der Universitäts-Kinderklinik Freiburg im Breisgau
(Direktor: Professor Dr. med. W. Künzer)

Virusadsorption an Wildhefen

R. Gädeke und G. Riethmüller

Mit 1 Abbildung

Lindegren u. Mitarb. (*1*) veröffentlichten 1963 elektronenmikroskopische Befunde, die als Virusadsorptionen an Wildhefen interpretiert wurden. Wir verfolgten diese Frage ebenfalls, wobei wir zunächst klären wollten, ob Viruspartikel an Hefen adsorbiert oder von diesen aufgenommen werden können. Wir verwendeten den Hefestamm Rhodotorula rubra und den Grippevirusstamm A_2/Asia. Zum quantitativen Nachweis für eine Bindung von Grippeviren an Hefezellen wurde der Hämagglutinationstest eingesetzt; die Hämagglutinationsfähigkeit der Grippevirussuspension müßte nach Zusatz von Hefezellen im Titer absinken, wenn eine Adsorption stattgefunden hatte. Wir fanden (Tabelle), daß der Überstand einer Hefezellsuspension bei Zusatz von Grippeviren im Vergleich zu einer auf gleichartig verdünnte Grippevirussuspension um eine Titerstufe absank. Erst nach thermischer Zertrümmerung der Hefezellen (Einfrieren und Auftauen) oder

Tabelle. *Hämagglutination des Überstandes und des Sedimentes von Wildhefensuspension*
(Rhodotorula rubra)

	Titer			
	1 : 320	1 : 640	1 : 1280	
Reine Virus-Verdünnung (A_2/Asia) .	+	+	−	
Überstand vom Virus-Hefe-Gemisch nach 30 Min. bei 4 °C und Zentrifugation bei 3000 UpM	+	−	−	Überstand
Überstand vom Virus-Hefe-Gemisch nach 30 Min. und nach Einfrieren und Auftauen	+	+	(+)	
Überstand von Virus-Hefe-Gemisch nach 4 Std. bei 37 °C.	+	+	−	
Reine Virus-Verdünnung (A_2/Asia) .	+	+	−	
Sediment nach 30 Min. Inkubation bei 4 °C	−	−	−	Sediment
Sediment nach Einfrieren und Auftauen nach vorheriger Inkubation 30 Min. bei 4 °C.	÷	+	(+)	
Sediment nach 4 Std. Inkubation bei 37 °C	+	÷		

10*

nach längerem Stehenlassen des Gemisches stieg der Hämagglutinationstiter
wieder auf die Ausgangsverdünnung des Virus an. In dem wiederaufge-
schwemmten Sediment eines Virus-Hefegemisches war zunächst keine
Hämagglutinationsfähigkeit nachzuweisen (Tabelle 1). Jedoch wurde daraus nach thermischer Zertrümmerung und nach längerem Stehenlassen
wieder haemagglutinationsfähiges Antigen frei. Hieraus schließen wir, daß
Grippeviren an Hefen gebunden werden können.

Welche Gewebsveränderungen werden nun nach Instillation von Grippe-
virus/Hefegemischen in die Atemwege nachgewiesen? Bei Albinomäusen,
welchen wir eine 10%ige Hefezellsuspension intranasel appliziert hatten,
stellten wir folgende Veränderungen fest: Nach einer Woche ein Alveolarkatarrh mit Proliferation der Alveolardeckzellen sowie stellenweise eine
Plasmafüllung von Alveolarlumina; die Interstitien erwiesen sich zum Teil
als. gering infiltriert und verdickt. Nach drei Wochen hatten sich diese
Reaktionen noch verstärkt; besonders die rundzelligen interstitiellen Infiltrationen traten nun stärker hervor. Fünf Wochen nach der Hefeinstillation
erwies sich der Alveolarkatarrh und die Reaktion der Interstitien noch kräftig
ausgeprägt.

Nach intranasaler Applikation des Grippevirus wurde in der Mäuselunge
der typische Befund der Mäusegrippe erhoben: Im Frühstadium (eine Woche
nach der Instillation) fanden sich Skelettierung der Bronchialwandungen
bzw. Nekrose des Bronchialepithels; dazu ein ausgedehntes perivaskuläres
Ödem und Gefäßwandverquellungen sowie schwerste pneumonische Infiltrationen des gesamten Lungengewebes. Nach drei Wochen wurden bei
überlebenden Tieren eine Proliferation und Polymorphie des regenerierten
Bronchialepithels, dichte peribronchiale Lymphozyteninfiltrate und im übrigen Lungengewebe stellenweise Schwellungen der Alveolardeckzellen
vorgefunden.

Für die Applikation des Virus/Hefegemisches benutzten wir eine gleiche
Virusverdünnung, wie bei den Instillationen mit Grippevirus allein (1 : 1280,
was dem Hämagglutinations-Grenztiter entsprach). Die Hefesuspension
war dabei auf 1% eingestellt. Drei Wochen nach einer solchen Instillation
wurden in den Mäuselungen die für Grippevirusinfektion charakteristischen
Proliferationen des Bronchialepithels und peribronchiale Lymphozyteninfiltrate vorgefunden. Hinzu traten aber auch die bei den Hefeversuchen
festgestellten Alveolardeckzellproliferationen, intraalveoläre Plasmaexsu-
date und eine Verbreiterung der Interstitien mit vorwiegend rundzelliger
Durchsetzung. Fünf Wochen nach der Einbringung des Gemisches beobachteten wir dichte Alveolarausfüllungen mit geschwollenen Alveolardeckzellen bzw. Plasmaausgüsse der Alveolarlumina, darüber hinaus dichte
lympho-monocytäre und auch spindelzellige Infiltrationen der verdickten
Interstitien in wechselnd starker Ausprägung. Die Intensität und die Dauer
dieser Befunde waren weder bei den Mäusen, die nur Grippevirus erhalten

hatten, noch bei den Tieren nach Hefeinstillation vorzufinden. Eine Anzahl der Versuchstiere gingen in diesem Zeitbereich ein. Bei überlebenden Mäusen waren die Lungen herdförmig verändert (Abb.). Starke interstitielle infiltrativ-proliferative Reaktionen mit dichter lympho-monocytärer Durchsetzung der verbreiterten Interstitien, komprimierte Alveolarlumina beherrschten das Bild. In den Alveolarlumina fanden sich schollig-schlierige,

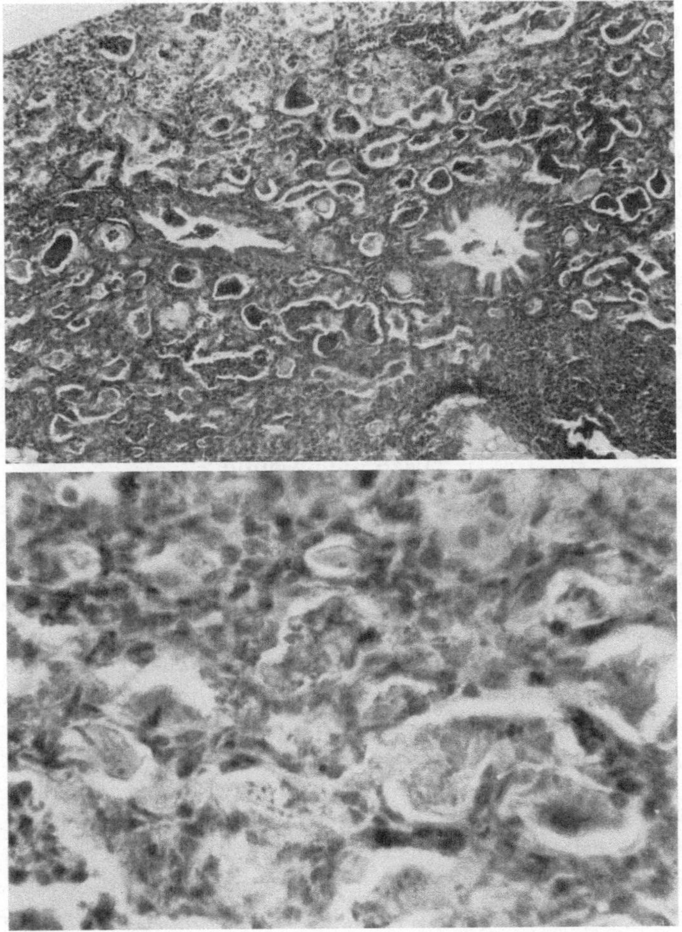

Abb. Lunge einer ausgewachsenen Albinomaus nach intranasaler Instillation von 1 %iger Suspension von Rhodotorula rubra, nach Adsorption von mausadaptierten A_2/Asia-Grippevirus (Verdünnung 1 : 1280), 7 Wochen nach der Instillation. Herdförmige starke interstitielle infiltrativ-proliferative Reaktion mit dichter lympho-monocytärer und fibroblastischer Durchsetzung der verbreiterten Interstitien. Die Alveolen sind teils komprimiert, teils mit geschwollenen oder nekrobiotisch veränderten Alveolardeckzellen oder Plasmaexsudaten sowie gruppenweise zusammengelagerten basophilen Korpuskeln gefüllt. Bronchialwandungen im wesentlichen unverändert.
Oben: H.-E.-Färbung, ca. 200fache Vergrößerung. Unten: H.-E.-Färbung, ca. 500fache Vergrößerung

körnige Gebilde; hier wurde — teils körnig oder homogen, teils gespinst-
artig um nekrobiotisch veränderte bzw. geschwollene Alveolardeckzellen
herum liegend — ein PAS-positives Material gesehen. In ihm fanden sich
dichte Granula, die — ebenfalls bei der McManus-Hotchkiss-Färbung —
violettrot — z.T. in Gruppen zu vier oder sechs zusammengelagert erschienen.

Unsere Befunde zeigen, daß sich in der Folge einer Hefe/Myxovirus-
Simultaninfektion bei der Maus eine torpid verlaufende, protrahiert sich
entwickelnde interstitiell-pneumonische Reaktion einstellt, die bei Einwirkung von nur einem dieser infektiösen Agentien in dieser Form nicht zustande kommt. Sie lassen überdies Anklänge an das Bild der interstitiellen
Pneumonie des jungen Säuglings erkennen; die Strukturen von Pneumocystis Carinii fanden wir in Schnitt- und Tupfpräparaten der Mäuselungen
jedoch niemals. Dieser Hinweis scheint uns deshalb notwendig, da die von
Pliess und Seifert (2) demonstrierten elektronenoptischen Bilder von
Pneumocystis Carinii als Hefezellen mit angelagerten Viruspartikeln interpretiert werden können (3). Beschränken wir uns aber auf die aus unseren
Beobachtungen gerechtfertigten Aussagen, so wird durch sie ein grundsätz-
liches Problem infektiöser Prozesse angesprochen: Die mögliche Bedeutung
von Hefen als Vektoren von menschenpathogenen Viren und die Problematik der Pathomorphose von Infektionen durch Simultaninfektionen mehrerer Erreger unterschiedlicher Wirkungsweise.

Zusammenfassung

Mit dem Hämagglutinationstest nach Salk ließ sich nachweisen, daß
A_2/Asia-Grippevirus an Saccharomyzeten (Rhodotorula rubra) adsorbiert
werden kann.

Nach den mitgeteilten Befunden müssen Hefen als mögliche Vektoren
menschenpathogener Viren in Betracht gezogen werden.

Es wurden die Lungengewebsreaktionen bei Albinomäusen nach gleich-
zeitiger Infektion mit Saccharomyzeten und A_2/Asia-Virus überprüft. Die
histologische Untersuchung der Lungen erbrachte bei Vergleich mit der
Mäusegrippe und ebenfalls bei Vergleich mit Lungengewebsreaktionen
durch den verwendeten Saccharomyzeten-Stamm allein, daß die Doppel-
infektion besondersartige Gewebsveränderungen hervorruft. Diese waren
durch interstitiell-pneumonische Reaktionen charakterisiert. In den Alveolen
kam es zu einer Ablagerung von PAS-positivem Material. In diesen Ein-
lagerungen fanden sich gruppenförmig angeordnet leuchtend rote Granula;
stellenweise waren diese Gebilde auch in den Interstitien sichtbar.

Es wird auf die formale Analogie der erhobenen histologischen Befunde
zur Pneumocystose des Menschen hingewiesen. Diese Untersuchung zeigt
außerdem, daß Simultan-Infektionen von Erregern unterschiedlicher Wirkungsweise Ursache einer Pathomorphose von Krankheitsbildern sein
können.

Literatur

1. Lindegren, C. C., Y. N. Bang and T. Hirano: Progress report on the cymophage. Trans. New York Acad. Sci. **24**, 540 (1963).
2. Pliess, G., und K. Seifert: Elektronenoptische Untersuchungen bei experimenteller Pneumocystosis. Beitr. path. Anat. **120**, 399 (1959).
3. —, Die Problematik der Pneumocystis carinii und der Pneumocystosen bei Mensch und Tier. In: Hefepilze als Krankheitserreger bei Mensch und Tier, S. 108. Berlin-Göttingen-Heidelberg: Springer 1963.

Prof. Dr. R. Gädeke
Univ.-Kinderklinik
78 Freiburg/Brsg.

Aus dem Institut für Mikrobiologie und Infektionskrankheiten der Tiere
(Vorstand: Prof. Dr. A. Mayr)
und
aus dem Institut für Tierpathologie der Universität München
(Vorstand: Prof. Dr. H. Sedlmeier)

Wechselseitige Beziehungen von Candida albicans und Staphylococcus aureus im Infektionsgeschehen

B. Mehnert und B. Schiefer

Mit 1 Abbildung

Wie wiederholt durch eigene Untersuchungen und von anderen Autoren festgestellt werden konnte, kommen Candida albicans und Staphylococcus aureus nicht selten miteinander vergesellschaftet in Krankheitsherden vor. Dies trifft nicht nur für ein gemeinsames Auftreten in Hauteffloreszen zu, sondern läßt sich auch bei der pathologischen Schleimhautbesiedlung des Körpers nachweisen. Derartige Mischinfektionen zeigen vor allem dann einen bösartigen Verlauf, wenn sie sich im Bereich des Respirations- und Digestionstraktes manifestieren und können in Abhängigkeit vom jeweiligen Ausmaß des Schleimhautbefalls sogar zu regelrechten Staphylokokken-Candida-Pyämien führen.

Aus der Literatur ist auf Grund zahlreicher In-vitro-Untersuchungen verschiedener Autoren bekannt, daß sich die beiden Keimarten, Candida albicans und Staphylococcus aureus, im Gegensatz zu vielen anderen Partnern einer Mikroflora im Wachstum nicht nachteilig beeinflussen. Unter besonderen Versuchsbedingungen konnte sogar festgestellt werden, daß Candida albicans imstande ist, das Leben von Staphylococcus aureus zu verlängern. Durch bioptische Untersuchungen einer gleichzeitig von Staphylococcus aureus und Candida albicans besiedelten Mundschleimhaut eines 17jährigen jungen Mannes und durch Hautexperimente konnten Konrad und Winkler sowie O'Brien den Nachweis erbringen, daß nicht nur in der Kultur, sondern auch im Gewebe das Wachstum von Candida albicans und Staphylococcus aureus unbeeinträchtigt voneinander erfolgt. Konrad und Winkler wollen dabei sogar eine bevorzugte Vermehrung der Staphylokokken im Bereich der von Candida albicans gebildeten Pseudomycelien beobachtet haben, wofür sie die Ausscheidung wachstumsanregender Stoffe durch die Hyphenelemente des Sproß-pilzes als verantwortlich ansehen.

Ein solcher Effekt kann sich in vivo jedoch erst dann auswirken, wenn die Staphylokokken zunächst den Hefen die Möglichkeit verschaffen, in das Gewebe einzudringen. Normalerweise ist Candida albicans — wie auch die anderen nur fakultativ pathogenen Candida-Arten — nicht in der Lage, ohne die Einwirkung einer Noxe auf den Makroorganismus, die intakte Haut oder Schleimhaut zu durchdringen. Auch die Applikation von Antibiotica allein reicht noch nicht aus, um den Hefen ein Durchwandern der Schleimhäute zu ermöglichen, wie wir durch eigene Experimente am Rindereuter zeigen konnten. Beide Arten, Candida albicans und Staphylococcus aureus, kommen aber in der Regel bereits in einem gesunden Organismus als normale, wenn auch unter diesen Bedingungen geringe Bestandteile der körpereigenen Flora vor. Ein Synergismus im Verhalten dieser Keimarten kann deshalb unter bestimmten Voraussetzungen eine Gefahr für den Makroorganismus bedeuten.

Wurde nämlich die intrazisternale Einspritzung von Candida albicans nicht in ein gesundes, sondern in ein bereits bakterieninfiziertes Euterviertel vorgenommen, bei dem sich eine vorangegangene Staphylokokken-Mastitis gerade im Abklingen befand, so gelang es den Hefen — sogar ohne die gleichzeitige Applikation von Antibiotica —, in die Epithelien der Ausführungsgänge des sezernierenden Drüsengewebes vorzudringen. Zu einer Ausbreitung der Hefen innerhalb des Drüsengewebes kam es jedoch nur dann, wenn Candida albicans zusammen mit Staphylococcus aureus intrazisternal appliziert worden war. Außer Fieber und hochgradigen Entzündungssymptomen am Euter traten bei diesen Tieren auch Durchfälle und Futterverweigerung auf, die bei der alleinigen Infektion des Euters mit Candida albicans oder auch mit Staphylococcus aureus nicht zu beobachten waren. Diese Experimente am Rindereuter vermögen einen Hinweis auf die Bedeutung der Wechselbeziehungen zwischen Candida albicans und Staphylococcus aureus zu geben.

Eine ähnliche Wechselbeziehung liegt offenbar auch bei der Candidiasis der Hühner-vögel vor, von der Kuprowski drei verschiedene Formen beschrieben hat. Zwei davon, nämlich den Soor des Kropfes und die Typhlohepatitis konnten wir bei Spontanfällen beobachten und tierexperimentell durch Candida albicans erzeugen. Als dritte Form wird von Kuprowski das Vorliegen eines Soor des oberen Verdauungstraktes bei gleich-zeitiger Toxinproduktion durch die Pilze und dadurch bedingten letalem Ausgang ange-sehen. Eine derartige septische Verlaufsform konnten wir allerdings trotz des Bestehens eines Candida-Befalles der Schleimhäute mit den uns zur Verfügung stehenden Candida-albicans-Stämmen nicht erzielen.

Das Vorkommen einer toxischen Verlaufsform von Candidiasis begrün-det Kuprowski mit dem Nachweis von Hämolysinen, deren Vorhandensein er beim Wachstum von zwei Candida albicans-Stämmen auf Glucose-Blutagar oberhalb 38,5° C bei der Entwicklung von Pseudomycel auf Grund des Auftretens einer durchsichtigen Zone um den Impfstrich diagnostizierte. Bei der Züchtung eigener Stämme unter den von KUPROWSKI angegebenen Bedingungen konnten wir die von ihm als β-Hämolyse zu bewertende hämolytische Reaktion in keinem Falle feststellen, wohl aber bei zwei von KUPROWSKI überlassenen Kulturen. Bei beiden überlassenen Kulturen handelte es sich jedoch um eine Mischung von Staphylokokken und Candida albicans. Nach Reinzüchtung der Candida albicans-Stämme konnten wir den anfangs auf der Glucose-Blutagar-Platte nachgewiesenen Effekt — wie bei unseren eigenen Stämmen — nicht wahrnehmen. Wir dürfen deshalb annehmen, daß für die hämolytische Reaktion die Staphylokokken und nicht Candida albicans verantwortlich zu machen sind, zumal für erstere die Bildung hämolysierender Toxine beschrieben ist. Wir glauben deshalb, die toxische Verlaufsform der Candidiasis mit einer wechselseitigen Beziehung von Candida albicans und Staphylococcus aureus im Infektionsgeschehen erklären zu können.

Deshalb führten wir zu dieser Fragestellung abermals tierexperimentelle Untersuchungen durch.

In Anlehnung an die Versuche von KUPROWSKI verabreichten wir an jeweils 20 Hühnerküken vom ersten Lebenstag an 14 Tage lang im Futter die Keimarten Staphylococcus aureus und Candida albicans entweder einzeln oder miteinander vermischt. Die eine Hälfte einer Versuchsgruppe erhielt jeweils handelsübliches Küken-Alleinfutter mit Vitamin- und Antibiotikazusätzen, kurz „Normalfutter" genannt, die andere Hälfte dagegen bekam ein Mais-Weizengemisch ohne weitere Zusätze, kurz „Mangelfutter" genannt. Bei Verabreichung des Normalfutters konnten, unabhängig von der Applikation der Keimarten, in keinem Falle Krankheitserscheinungen nachgewiesen werden. Bei der Verabreichung des Mangelfutters hingegen erkrankten alle jene Tiere an „Soor", die entweder die Mischung aus Staphylococcus aureus und Candida albicans oder nur Staphylococcus aureus als Beimengung zum Futter erhalten hatten. Da letztere Tiere sich gemeinsam in einem Raum befanden, bestand auch für die an sich nur mit Staphylococcus aureus gefütterten Tiere die Möglichkeit, sich mit Candida albicans zu infizieren. Bei den lediglich mit Candida albicans-haltigem Futter ernährten Hühnerküken bestand wegen der getrennten Unterbringung die Gefahr einer Staphylokokken-Infektion dagegen nicht. Bei ihnen traten im Gegensatz zu den Staphylokokken-infizierten Tieren auch nur in drei Fällen ein „Soor" auf. Die Candidabeläge unterschieden sich rein äußerlich nicht nennenswert von denen der anderen Hühnerküken.

Nach alleiniger Verabreichung von Candida albicans können durch die histologische Untersuchung Pseudomycelien nur in den abgestorbenen Schleimhautanteilen des Kropfes gesehen werden. Bei den Tieren, die Candida albicans und Staphylococcus aureus zusammen erhielten, liegen dagegen starke entzündliche Infiltrate in der Submukosa vor, z. T. sind Auflockerungen der obersten Zellagen und Ulzerationen sowie auch Glomerulonephritiden zu beobachten.

Zum Vergleich erhielten außerdem 20 Mäuse 0,1 ml einer Keimaufschwemmung von Candida albicans in Reinkultur (ca. 5×10^6 Hefezellen) bzw. die gleiche Infektionsdosis von Candida albicans vermischt mit Staphylococcus aureus (ca. 1×10^8-Keime) i.p. und i.m. injiziert. Die mit Candida albicans und Staphylococcus aureus i.p. infizierten Mäuse verendeten innerhalb eines Tages, ohne besondere pathologisch-anatomische Veränderungen zu zeigen, während sich bei den i.m infizierten Tieren im Laufe der nächsten 4 Wochen hochgradige Abszeßbildungen entwickelten. Nach Applikation von Candida albicans allein konnten jedoch nur mäßige umschriebene, abszedierende und granulomatöse Prozesse beobachtet werden.

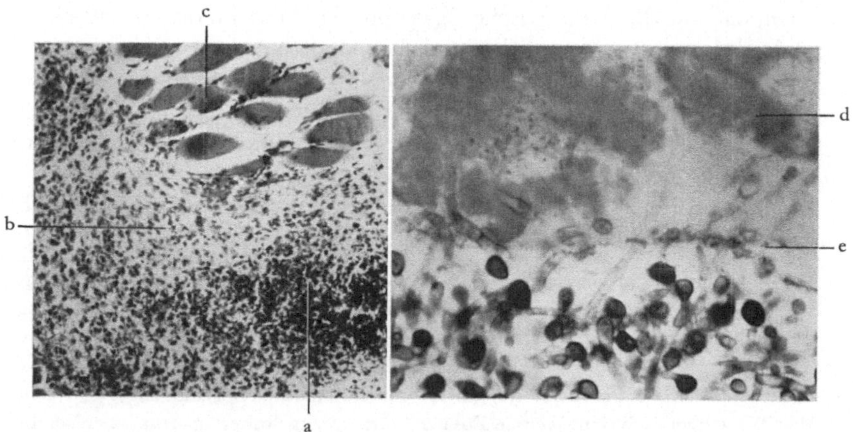

Abb. (links). Mikroabszeß in der Muskulatur einer Maus, 2 Tage nach Applikation einer Reinkultur von Candida albicans. Bei a) konglomerierte Hefen, bei b) granulozytäre Reaktion, bei c) intakte Muskelfasern (Färbung: GROCOTT-HE, Vergrößerung: $160\times$)
(rechts): Nekrose der Muskelfasern (d) einer Maus, 8 Tage nach Applikation einer Mischkultur von Candida albicans und Staphylococcus aureus. Bei (e) Muskelzellwand, die von den pseudomycelbildenden Hefen durchwandert wird (Färbung: GROCOTT-HE, Vergrößerung: $1000\times$)

Bei der histologischen Untersuchung zeigen sich wesentliche Unterschiede: Nach Applikation von Candida albicans in Reinkultur sind nur Zusammenballungen von Candida albicans-Zellen mit Degenerationsformen zu beobachten (Abb. linke Seite), nach Verabreichung der Mischkultur gelingt es den Hefen, z.T. unter Pseudomycelbildung, in die nekrotischen Muskelfasern einzuwachsen (Abb. rechte Seite).

Unsere Versuche berechtigen zu der Schlußfolgerung, daß

1. Staphylococcus aureus den Übergang vom saprophytären zum parasitären Verhalten von Candida albicans begünstigt und, daß

2. die sogenannte toxische Verlaufsform des „Soor" im Zusammenhang mit einer gleichzeitigen Staphylokokken-Infektion stehen dürfte.

Zusammenfassung

Im Tierexperiment konnte der Nachweis erbracht werden, daß Staphylococcus aureus den Übergang vom saprophytären zum parasitären Verhalten von Candida albicans begünstigt.

Literatur

BANIČ, S.: Antagonistische Wirkung von Enterobacteriaceen auf Staphylokokken und Candida albicans. Zbl. Bakt. I. Orig. **180**, 27—29 (1960).

BERNHARDT, H.: Die Beeinflußbarkeit des Hefewachstums durch Bakterien der Mundschleimhaut. Zbl. Bakt. I. Orig. **189**, 316—325 (1963).

O'BRIEN, J. P.: Experimental miliaria. An instance with Staphylococci and Candida in the lesions. J. invest. Derm. **24**, 115—124 (1955).

HAENEL, H.: Aspekte der mikroökologischen Beziehungen des Makroorganismus. Zbl. Bakt. I. Ref. **176**, 305—425 (1960).

KHMELNITSKY, O. K.: Über pathologisch-anatomische Veränderungen bei viszeraler Candidose (russisch). Acta path. (Moskau) **24**, 20—27 (1962), ref. in Ber. Path. **54**, 187 (1962).

KIENITZ, M.: Die enteralen Staphylokokken-Infektionen des Kindes. Bibliotheca Microbiologica, Fasc. 2, Verlag Karger Basel und New York, S. 243 (1962).

KONRAD, J., und A. WINKLER: Beitrag zum Problem der Moniliasis. Derm. Wschr. **131**, 73—82 (1955).

KUPROWSKI, M.: Zur Pathogenese und Morphologie der Moniliasis der Hühnervögel. Dtsch. tierärztl. Wschr. **67**, 185—189 (1960).

MARTINEZ-MONTEZ, E. A., and C. A. N. DAGLIO: Comportamiento de la especie Candida albicans frente a los antibioticis. Pren. méd. argent. **44**, 184—187 (1957).

MEHNERT, B., K. ERNST und W. GEDEK: Hefen als Mastitiserreger beim Rind. Zbl. Vet. Med., Reihe A, **11**, 96—121 (1964).

PAINE, T. F.: The inhibitory actions of bacteria on Candida growth. Antibiotics and Chemotherap. **8**, 273—281 (1958).

POLEMANN, G.: Klinik und Therapie der Pilzkrankheiten. Stuttgart: Thieme 1961.

SCHIEFER, B., und B. MEHNERT: Untersuchungen zur Ätiologie und Pathogenese der Typhlohepatitis der Hühnervögel. Zbl. Vet. Med., Reihe B, **10**, 28—48 (1963).

VIRTANEN, I.: Observations of the symbiosis of some fungi and bacteria. Ann. Med. exp. biol. Fenn. **29**, 352—358 (1951).

Univ.-Doz. Dr. BRIGITTE MEHNERT
Priv.-Doz. Dr. BRUNO SCHIEFER
8 München 22, Veterinärstraße 13

Aus der Bakteriologischen Abteilung der Asta-Werke A.G., Chemische Fabrik, Brackwede/W.

Nachweis von Sproßpilzen im Genitaltrakt Gebärender

J. Potel

Im Rahmen unserer mykologischen Arbeiten aus verschiedenen Fragestellungen heraus führten wir in Zusammenarbeit mit Dr. Lachenicht (Chefarzt der Gynäkologischen-Geburtshilflichen Abteilung des St. Franziskus-Hospitals, Bielefeld) vergleichende Untersuchungen durch, um eine Übersicht über das Vorkommen von Sproßpilzen im Genitaltrakt von Frauen, mit und ohne klinische Krankheitszeichen, zu erhalten. Dabei kamen wir zu Feststellungen, die mit den Berichten anderer Autoren zu dieser Fragestellung gut in Einklang stehen. Der Hundertsatz des Nachweises von Sproßpilzvorkommen, insonderheit von Candida albicans, lag bei ca. 20 % von insgesamt 2645 Patientenmaterialien. Über diese Untersuchungen wird noch an anderer Stelle ausführlich berichtet werden. So viel sei jedoch gesagt, daß nicht nur bei an Diabetes erkrankten Patientinnen besonders häufig Candida-Befall nachgewiesen wurde, sondern erwartungsgemäß auch bei Schwangeren. Neben dem Nachweis von Sproßpilzen bei den Ehemännern der Patientinnen („Ping-Pong"-Infektion) beobachteten wir auch gelegentlich bei den Neugeborenen wenige Tage nach der Entbindung das Auftreten einer „Soor"-Erkrankung mit Komplikationen wie Encephalitis. Es mußte angenommen werden, daß die Neugeborenen ihre Infektion während der Geburt erwarben, wodurch die Candida-Besiedlung des weiblichen Genitaltraktes zusätzliche Bedeutung erhält. Bisher wurden an ca. 200 Gebärenden und den Neugeborenen systematische Untersuchungen durchgeführt, wobei die Materialproben bei der Kreißenden vor Durchtritt des kindlichen Körpers aus der Vagina und bei den Kindern als Mundabstriche 4—5 und 10 Tage nach der Geburt entnommen worden.

Bei 33 % der Mütter und bei 41 % der Neugeborenen wurden Sproßpilze, in erster Linie C. albicans, nachgewiesen. In 23 % der Fälle fanden wir Sproßpilze gleichzeitig bei Mutter und Kind zum Zeitpunkt der Entbindung, wobei die Differenzierung der isolierten Stämme ergab, daß bis auf Einzelfälle der bei Mutter und Kind isolierte Stamm der gleichen Species angehörte. Der Hundertsatz des Pilznachweises liegt also wesentlich höher als bei den kürzlich von Malicke (1964) mitgeteilten Untersuchungen. Der alleinige Pilznachweis beim Kind erfolgte erst in der Regel bei Abstrichen am 4. bzw. 10. Tag nach der Geburt. Es muß für diese Fälle eine Infektion der Kinder nach der Geburt angenommen werden. Eine der Infektionsmöglichkeiten hierfür ist vielleicht darin zu suchen, daß rissige Gummisauger trotz „Auskochens" noch Sproßpilze enthalten können, wenn die Sauger vorher für ein Soor-erkranktes Kind benutzt wurden, wie Stichprobenuntersuchungen ergaben.

Da klinische Symptome einer Sproßpilz-Infektion im Falle des Pilznachweises bei Mutter und Kind sowohl bei der Mutter als auch beim Kind in der überwiegenden Mehrzahl der Fälle vorhanden waren, scheinen unsere Untersuchungen auf die Bedeutung der Sproßpilz-Infektion (latent oder klinisch manifestiert) im Genitaltrakt Schwangerer und Gebärender für eine spätere „Soor"-Erkrankung des Neugeborenen hingewiesen zu haben. Damit scheint uns die Notwendigkeit einer geeigneten Therapie bei der Sproß-pilz-infizierten Schwangeren vor der Niederkunft indiziert zu sein, wie sie MALICKE (1962, 1963 und 1964) gefordert hat. Dabei ist es für die Neugeborenen-Fürsorge unerheblich, ob der Sproßpilz bei der Mutter nur als Saprophyt oder als Parasit nachgewiesen wurde.

Zusammenfassung

Bei Sproßpilzinfektionen im Genitaltrakt Gebärender wird in einem erheblichen Anteil das Neugeborene unter der Geburt infiziert, und es kommt zu einer Candida-Mykose der Mundhöhle („Soor"). Auch die klinisch nicht manifeste (saprophytäre) Sproßpilzinfektion der Schwangeren ist daher behandlungsbedürftig; ferner sollte das infizierte Neugeborene prophylaktisch behandelt werden, um einer klinischen Manifestation der Infektion vorzubeugen.

Literatur

KAFFKA, A., und E. RITSCHEL: Candida albicans- und Torulopsis glabrata-Befunde im Vaginalsekret und ihre Beurteilung, in SCHIRREN und RIETH: Hefepilze als Krankheitserreger bei Mensch und Tier. Berlin-Göttingen-Heidelberg: Springer 1963.

KOCH, H., H. RIETH und E. RÜTHER: Beitrag zur Diagnose, Klinik und Therapie der genitalen Mykosen. Hautarzt **10**, 393 (1959).

KRÄMER, H., und H. GEISENHOFER: Über den Candida-Fluor und seine Behandlung mit Moronal. Med. Klin. **54**, 1432 (1959).

MALICKE, H.: Mykosen im Genitalbereich. Zschr. Haut-Geschl.-Krkh. **33**, 429 (1962).

—, Über die Gefährdung der Neugeborenen durch die Besiedlung der mütterlichen Vagina mit Hefepilzen, in SCHIRREN und RIETH: Hefepilze als Krankheitserreger bei Mensch und Tier. Berlin-Göttingen-Heidelberg: Springer 1963.

—, Welche Rolle spielen Hefepilzinfektionen bei Schwangeren und Neugeborenen. Med. Welt 1725, 1964.

MEYER, R.: Über die Candida-Mykose. Zschr. Haut-Geschl.-Krkh. **29**, 11 (1960).

MIZUNO, S.: Vulvovaginal Candidiasis. Research Commitee of Candidiasis, Japan 19, 1961.

PETRU, M., und M. VOJTĚCHOVSKÁ: Zur Frage der sogenannten Vaginal-Kryptokokken. Zbl. Bakt. I. Orig. **166**, 218 (1956).

SEELIGER, H. P. R.: Mykologische Berichte. Med. Mitt. Schering **19**, 69 (1958).

WIMMER, H. I., und R. HURLEY: Candida albicans. J. u. H. Churchill Ltd., London.

Priv.-Doz. Dr. J. POTEL
Bakteriolog. Abteilung der Asta-Werke, A.G., Chem. Fabrik,
4812 Brackwede/W., Postfach 109

III. Freie Vorträge

Aus der Krankenhausabteilung des Tropeninstitutes Hamburg
(Chefarzt: Prof. Dr. W. Mohr)

Zur Klinik der Lungenhistoplasmose

W. Mohr

Mit 1 Abbildung

Die Infektion mit Histoplasma capsulatum galt lange Zeit als eine auf den amerikanischen Kontinent beschränkte Mykose. Erst in den letzten Jahren sind vereinzelt aus verschiedenen Gebieten Europas Mitteilungen über Histoplasma-Infektionen beim Tier und Mensch gemacht worden.

Burgisser, Fankhauser und Mitarb. (5) sezierten in der Schweiz einen Dachs, der an einer Histoplasma caps.-Infektion verendet war. Auch aus Schweden wurde über einen Fall einer autochthonen Lungenhistoplasmose beim Menschen berichtet.

In Italien stellte man in der Gegend von Bologna 7 Fälle fest. Die allerdings sonst in Europa, auch in der Schweiz, ferner in Finnland, Deutschland und anderen Ländern angestellten Untersuchungen mit dem Histoplasmin-Hauttest bei gesunden und lungenkranken Personen fielen negativ aus.

Auch eine eigene Untersuchungsreihe, über die wir (14) 1951 berichteten, die sich auf gesunde und nicht tuberkulös-lungenerkrankte Personen erstreckte, ergab nur negative Histoplasmin-Hautteste.

Im Gegensatz hierzu stehen die Berichte aus den USA, wo in manchen Gebieten die Histoplasmose ein größeres Problem darstellt als die Tuberkulose. So betonte der Infektionskliniker der Maryland University Baltimore 1963, daß in den ländlichen Bezirken des Staates Maryland die Verbreitung der Histoplasmose ungleich häufiger sei als die Tuberkulose; auch Emmons (9) bestätigte diese Beobachtungen für manche anderen Gebiete der USA. Mit der Verbreitung der Histoplasmose in den USA beschäftigten sich auch die Arbeiten von Andrews, Lawless und Ruggiero (1) (speziell West-Virginia), Frenkel (11) (Iowa), und Olson, Tirman und Dodd (15) (Indiana), Brown (4) (Süd-Ontario), sowie Edwards, Phyllis Q. und Palmer (8). Sie bedienten sich dabei zur Klärung der Durchseuchung vorwiegend des Histoplasmin-Hauttestes.

In Südafrika fanden Kaye und Murray (13) eine Reihe von Fällen gutartig verlaufener Lungenhistoplasmose. — Über einen Einzelfall von Lungenhistoplasmose berichtet Ponnampalam (17) aus Malaya und BhamaraPravati (3) aus Thailand, um nur einige Mitteilungen der letzten Zeit zu erwähnen. Die Verbreitung der Lungenhistoplasmose in Ost-Pakistan wiesen mittels des Hauttestes und von Lungen-Röntgenuntersuchungen Islam, Islam und Muazzam (12) nach.

Bei der starken Fluktuation der Bevölkerung auch zwischen den Kontinenten wird man in Zukunft auch in Europa mehr an diese Krankheit denken müssen als bisher. Der Kontakt mit Personen aus diesen Ländern anläßlich von Reisen bringt durchaus die Möglichkeit des Auftretens der Histoplasmose auch in der Sprechstunde des deutschen Arztes mit sich.

Die Beobachtung von 3 Fällen bestätigte uns dies im Laufe der letzten Jahre. Bei zweien dieser Patienten handelte es sich um Personen, die keine akuten klinischen Erscheinungen mehr boten. Beide zeigten aber multiple

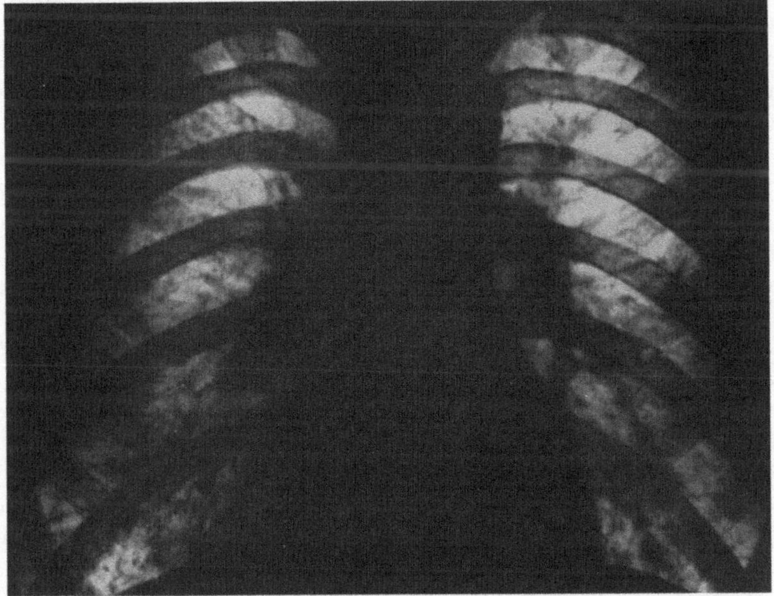

Abb. Patient, der 5 Jahre zuvor eine Lungenerkrankung durchmachte, die nicht als Histoplasmose der Lunge diagnostiziert wurde. Jetzt multiple Verkalkungen in allen Lungenfeldern, nur nicht im Spitzenbereich. Histoplasmin Hauttest stark positiv

reiskorngroße Kalkherde über die Lungenfelder verteilt, bei einer gewissen Aussparung der Spitzen. In der Anamnese gaben beide eine Lungenentzündung an, die 5 bzw. 8 Jahre zuvor durchgemacht worden war. In dem einen Fall hatte man von einer Pneumonie mit verzögerter Lösung gesprochen, und der Betreffende war verhältnismäßig lange Zeit in seiner Arbeitsfähigkeit beeinträchtigt gewesen. Beim 2. Fall hatte man zwar auch eine Lungenentzündung festgestellt, ohne aber weitere differentialdiagnostische Maßnahmen eingesetzt zu haben, da der gesamte Krankheitsverlauf nicht besonders schwer gewesen war. Der Aufenthalt der beiden Personen in dem Süden der Vereinigten Staaten bzw. im nördlichen Mexiko sowie der nega-

tive Tuberkulin-Hauttest veranlaßten uns, den Histoplasmin-Hauttest durchzuführen, der in beiden Fällen stark positiv ausfiel. Dieses Ergebnis zusammen mit der Lokalisation der Kalkherde in den Lungenfeldern mit Ausnahme der Lungenspitzen schien uns die Diagnose „abgelaufene Histoplasmose der Lunge" zu bestätigen.

Der 3. Fall betraf einen Bergmann, der im Rahmen der Entwicklungs-
hilfe nach Venezuela gegangen war. Er erkrankte dort ebenso wie 2 seiner
deutschen Mitarbeiter an einem Lungenprozeß; während in einem Fall
diese Lungenerkrankung rasch überwunden wurde, wurde sie für unseren
Patienten und den anderen Mitarbeiter Grund zur Heimsendung unter dem
Verdacht einer Tuberkulose. Die erste Untersuchung (Dr. Obermeyer im
Knappschaftskrankenhaus Bochum-Langendreer) ergab sofort den Verdacht, daß hier keine Tuberkulose oder Silikose, sondern eine Mykose der
Lunge vorliegen müsse und führte zur Überweisung an unsere Klinik.

Das Röntgenbild zeigte multiple Herde in beiden Unter- und Mittel-
feldern, die Lungenspitzenfelder waren praktisch frei. Von den übrigen
klinischen Symptomen ist vor allem die Kurzluftigkeit erwähnenswert und
die starke Beeinträchtigung des Allgemeinbefindens.

Mundschleimhautveränderungen, die in der letzten Zeit von Conti
und Forschner (7) beobachtet wurden, oder Veränderungen am Kehlkopf,
wie sie Withers, Pappas und Erickson (21) beschrieben, zeigte dieser
Patient nicht.

Als Infektionsquelle konnte hier die Tätigkeit im Bergwerk festgestellt
werden, und zwar waren es besondere Umstände, die für die 3 Bergleute
vorgelegen hatten.

Sie mußten täglich, um zu ihrem Arbeitsplatz unter Tage zu gelangen,
einen stillgelegten Stollen durchschreiten, in dem zahlreiche Fledermäuse
nisteten. Jedesmal beim Durchschreiten des Stollens scheuchten sie die
Fledermäuse auf, die dann aufgeregt umherflatterten und Staub aufwirbelten.
Da die Fledermäuse als Wirte für Histoplasma capsulatum bekannt sind, ist
wohl anzunehmen, daß die Bergleute mit dem aufgewirbelten Staub sporen-
haltiges Material inhaliert haben und daß auf diesem Wege die Infektion
zustande gekommen ist.

Ähnliche Beobachtungen wurden schon 1956 aus Chile berichtet, wo eine Studenten-
gruppe bei Forschungsarbeiten in einer Höhle, die auch von Fledermäusen bewohnt war,
mehr oder minder schwer an einer Lungenhistoplasmose erkrankten.

Des weiteren liegen auch aus Peru ähnliche Beobachtungen vor. Die Forschungen
der letzten Jahre haben gezeigt, wie auch die Mitteilungen von Rieth und Binder aus
der Gegend von Pucallpa erkennen ließen, daß unter den Eingeborenen in verschiedensten
südamerikanischen Gegenden die Histoplasmose eine Rolle spielt. Die Tatsache des Auftretens eigenartiger Lungenerkrankungen in dem Gebiet von Santa Domingo de los
Colorados in Ecuador, die durch den Hauttest als Histoplasmose diagnostiziert werden
konnten, waren auch Veranlassung, daß der Autor zum Studium dieser Infektion in diese

Gebiete gerufen wurde. Man wird also bei Patienten, die mit Lungenaffektionen aus bestimmten Gebieten Südamerikas kommen, nicht nur an die Tbc, sondern vielmehr als bisher an die Histoplasmose denken müssen.

Hauttest und Komplementbindungsreaktion sind dabei neben der Sputumkultur wichtige diagnostische Hilfsmittel. Allerdings ist, worauf SEELIGER nachdrücklich hinweist, die serologische Reaktion in Form der Komplementbindungsreaktion nur in der ersten Zeit der Erkrankung positiv. Nach Überstehen der ersten Krankheitsphase geht der Titer sehr rasch zurück und die KBR wird negativ.

Die Behandlung in unserem Falle wurde zunächst mit Nystatin-Medikation versucht. Da hiermit aber kein rechter Erfolg und kein Rückgang der Veränderung zu erzielen war, wurde Amphotericin B eingesetzt. Aber auch diese Therapie konnten wir nicht so zu Ende führen, da sie sehr schlecht vertragen wurde, so daß sie in der 2. Woche abgebrochen werden mußte. Das Krankheitsbild besserte sich dann langsam spontan, zeigte aber im Gegensatz zu den beiden anderen Fällen wenig Neigung zur Verkalkung. Erst jetzt bei der Nachuntersuchung im Sommer 1964 waren stärkere Verkalkungsherde zu erkennen; der ganze Prozeß zeigte eine gewisse Tendenz zur Beruhigung. Fieber ist nicht mehr aufgetreten, doch treten schon nach kleinsten Anstrengungen Atemnot und Stiche in der Brust auf, so daß der Patient in seinem Beruf als Bergmann nicht wieder arbeitsfähig ist. Blutbild, Blutsenkung und Elektrophorese haben sich normalisiert. Das Röntgenbild der Lunge zeigt noch multiple Herde, von denen einzelne schon kalkdicht sind, die Mehrzahl aber noch einen gewissen fibrotischen Charakter aufweist.

Die Kontrollen der serologischen Reaktionen durch SEELIGER fielen negativ aus. Der intrakutan-Test war aber noch stark positiv. Es empfiehlt sich, stets die Blutabnahme zur serologischen Reaktion *vor* der Ausführung des Intrakutantestes durchzuführen, um nicht durch letztere einen Ausschlag in der serologischen Reaktion zu provozieren.

Zum jetzigen Zeitpunkt, 7 Jahre nach Beginn der Infektion, erneut eine Amphotericin B-Kur durchzuführen, erschien bei der Differenziertheit des Mittels nicht ratsam.

Grundlegend verschieden von der Infektion mit Histoplasma capsulate sind in ihrem Erscheinungsbild und in ihrem Verlauf die von belgischen Autoren erstmalig beschriebenen Infektionen mit Histoplasma Duboisii. Diese Infektionen treten in erster Linie als Hautprozesse auf, können dann aber auch das Skelettsystem befallen. Wird der erste Hautherd frühzeitig genug radikal entfernt, wie wir es bei einem unserer Patienten beobachten, so ist damit die Infektion beseitigt. Schwieriger wird es bei längerem Bestehen der Erkrankung, wenn es zur Entwicklung multipler Hautherde und Knochenmetastasen gekommen ist; dann dürfte in vielen Fällen nur noch sorgfältige Behandlung mit Amphotericin-B die Methode der Wahl sein. Während die Untersuchungen und Forschungsergebnisse der letzten Jahre gezeigt haben, daß die Infektion mit Histoplasma capsulatum weltweite Verbreitung hat, liegen bisher nur aus Afrika Mitteilungen über das Vorkommen von Histoplasma Duboisii vor. Nach den ersten Berichten aus dem Kongo-Gebiet wurden von Cockshot (6) u.a. auch aus Nigeria derartige Fälle mitgeteilt. Basset, Basset und Hocquet (2) beobachteten 4 Fälle in Senegal. Unser eigener Beobachtungsfall zog sich seine Infektion beim Aufenthalt in Westafrika und zwar in Ghana zu. Nach Beseitigung des primären Einzelherdes ist es auch bei jetzt über dreijähriger Nachbeobachtungszeit nicht zu irgendwelchen Metastasen oder Späterscheinungen an den Knochen gekommen. Lungenkomplikationen sind auch bisher von dieser Form der Histoplasmose nicht beschrieben.

Zusammenfassung

Auf Grund einiger eigener Beobachtungen wird auf das Krankheitsbild der Lungenhistoplasmose und ihren Ablauf hingewiesen. Es kann dabei schon relativ frühzeitig zu mehr oder minder ausgedehnten Verkalkungen kommen, und die Patienten können nach Abklingen der akuten Erscheinunnungen ihre volle Leistungsfähigkeit wiedererlangen. Es ist aber auch ein sehr protahierter Verlauf möglich, der sich über Jahre hinzieht, und bei dem die Herde zwar fibrotisch verändert werden, aber erst relativ spät verkalken. In solchen Fällen ist mit einer lang dauernden Invalidität zu rechnen. Bei dem lebhaften Reiseverkehr in Gebiete der Tropen und Subtropen, in denen die Histoplasmose häufiger vorkommt, muß bei unklaren Lungenaffektionen, insbesondere bei Rückkehrern oder Gastarbeitern, mehr als bisher an diese Krankheit gedacht werden. Different von der Histoplasmacapslatum-Infektion ist die Infektion mit Histoplasma Duboisii, bei der es zur Entwicklung von Haut- und Knochenherden kommt, eine Lungenbeteiligung aber bisher unbekannt ist.

Während leichte Infektionen mit Histoplasma capsulatum bei guter Abwehrlage des Organismus spontan abheilen, ist für alle schwereren Fälle die Behandlung mit Amphotericin-B am Platze. Bei Histoplasma duboisii ist es möglich, bei frühzeitiger Erkennung und vorhandenem Einzelherd, die Infektion durch Exzision dieses Herdes auszuheilen. Bei multiplen Herden ist ebenfalls eine Amphotericin B-Behandlung notwendig.

Literatur

1. Andrews, C. D., J. J. Lawless, and J. Ruggiero: Histoplasmin sensitivity in West Virginia. Amer. Rev. resp. Dis. **89**, 409 (1964).

2. Basset, A., M. Basset and P. Hocquet: Formes cutanées de l'histoplasmose africaine. Bull. Soc. franç. Derm. Syph. **70**, 61 (1963).

3. Bhamarapravati, N., P. Balankura and C. Sekhonrit: Histoplasmosis in Thailand: report of two cases diagnosed by biopsy and culture. Amer. J. trop. Med. Hyg. **12**, 393 (1963).

4. Brown, E. L.: Histoplasmosis in Southern Ontario: a further report. Canad. med. Ass. J. **87**, 545 (1962).

5. Burgisser, H., R. Fankhauser, W. Kaplen, K. Klingler und H. J. Scholer: Mykose bei einem Dachs in der Schweiz: histologische Histoplasmose. Path. Microbiol., Basel **24**, 794 (1961).

6. Cockshott, W. P., and A. O. Lucas: Histoplasmosis duboisii. Quart. J. Med., N.S. **33**, 223 (1964).

7. Conti, A., and L. Forschner: Histoplasmosis — Lokalisation in der Mundschleimhaut. Z. Laryng. Rhinol. **38**, 166 (1959).

8. Edwards, Phyllis Q., and C. E. Palmer: Nationwide histoplasmis sensitivity and histoplasmal infection. Pub. Hlth. Rep., Wash. **78**, 241 (1963).

9. Emmons, C. W.: Isolation of Histoplasma capsulatum from soil in Washington, D.C. Publ. Hlth. Rep., Wash. **76**, 591 (1961).

10. Emmons, C. W. & A. M. Greenhall: Histoplasma capsulatum and House Bats in Trinidad, W. I. Sabouraudia **2**, 18 (1962).

11. Frenkel, H. S.: Histoplasmin skin testing in an Iowa mental hospital. J. Iowa med. Soc. **53**, 282 (1963).

12. Islam, N., M. Islam and M. G. Muazzam: A histoplasmosis survey in East Pakistan. Trans. roy. Soc. trop. Med. Hyg. **56**, 246 (1962).

13. Kaye, J.: Histoplasmosis. The radiological features of the benign pulmonary form in South Africa. Med. Proc. **10**, 176 (1964).

14. Mohr, W.: Histoplasmose. In: Handb. d. inn. Med., Bd. I, 2, Kapitel „Mykosen". Berlin-Göttingen-Heidelberg: Springer 1952.

15. Olson, K. L., W. S. Tirman and R. D. Dodd: Histoplasmosis and chest X-ray calcification in North Central Indiana. J. Indiana med. Ass. **55**, 38 (1962).

16. Pflueger, O. H., L. J. Durante and K. H. Franz: A survey of histoplasmosis in Liberia. Amer. J. trop. Med. Hyg. **11**, 410 (1962).

17. Ponnampalam, J. T.: Histoplasmosis in Malaya. Brit. J. Dis. Chest **58**, 49 (1964).

18. Salfelder, K., T. Reyes de Liscano, J. Romanovich und Fr. Moncadar: Über einen Fall von Lungenhistoplasmom mit möglicher Infektion in Italien. Mykosen **6**, 29 (1963).

19. Saliba, A., O. A. Beatty and L. Pacini: Pulmonary histoplasmosis associated with pulmonary tuberculosis. Sth. med. J. **55**, 249 (1962).

20. Vanselow, N. A., W. N. Davey and F. C. Bocobo: Acute pulmonary histoplasmosis in laboratory workers: report of two cases. J. Lab. clin. Med. **59**, 236 (1962).

21. Withers, B. T., J. J. Pappas and E. E. Erickson: Histoplasmosis primary in the larynx. Report of a case. Arch. Otolaryng. (Chicago) **77**, 25 (1963).

Prof. Dr. W. Mohr
Krankenhausabteilung des Tropeninstitutes
2 Hamburg

                                    R. KADEN:

Aus der Hautklinik der Freien Universität Berlin
(Direktor: Prof. Dr. H. W. SPIER)

Katamnestische Untersuchungen über den Einfluß individueller Faktoren bei der Griseofulvinbehandlung von Onychomykosen

R. KADEN

Mit 1 Abbildung

Die Behandlung der Onychomykosen ist trotz Griseofulvin unbefriedigend geblieben. Schon kurze Zeit nach seiner Einführung in die Therapie im Jahre 1959 sind die eisten Versager von RIEHL und LOFFERER mitgeteilt worden. Bereits auf der ersten Arbeitstagung der deutschsprachigen Mykologischen Gesellschaft wurde als Ergebnis bisheriger Erfahrungen empfohlen, Onychomykosen, vornehmlich bei Lokalisation an den Zehen, nicht mehr lediglich mit Griseofulvin allein, sondern in Kombination mit Extraktion der erkrankten Nägel zu behandeln (REICHENBERGER und GÖTZ, FRYDRYCHOWICZ).

Die Erfahrungen über das spätere Schicksal griseofulvinbehandelter Onychomykosen beruhen bisher, schon aus zeitlichen Gründen, auf wenigen Fällen und kurzen Nachbeobachtungszeiten. So wundert es nicht, daß HUBER nach etwa $^1/_2$ Jahr und BERTINO nach 1 Jahr keine bzw. nur 10% Rezidive angeben.

Aus dem Krankengut unserer Klinik sind nach systematischen Nachuntersuchungen 219 Patienten ermittelt worden, die, falls man die Onychomykosen getrennt nach Finger- und Zehennägeln addiert, 359 Onychomykosen ergeben. Trotz durchgeführter Griseofulvintherapie erweisen sich nach $2^1/_2$ bis 4 Jahren von den 359 Onychomykosen 231 (= 64%) erkrankt und nur 128 (= 36%) gesund. 159 Onychomykosen sind zwar beim Abschluß der Behandlung geheilt worden, jedoch haben sich im Verlaufe der Nachbeobachtungszeit bereits wieder 44 Rezidive eingestellt. Diese enttäuschenden Ergebnisse haben zu weiteren Analysen der Befunde geführt mit dem Ziel, individuelle Faktoren bei den Therapie- und Behandlungsverläufen ausfindig zu machen (KADEN).

Der Rahmen dieser Ausführungen verlangt kategorisch eine Beschränkung auf wenige Grundlagen. Bei der Therapie sollen deshalb einheitlich 1 g Griseofulvin pro Tag und eine Gesamtmenge von 200—1200 und mehr Tabletten als Grundlage dienen. Die Lokalbehandlung ist bedeutungslos. Es wird jedoch ausdrücklich zwischen alleiniger Griseofulvinbehandlung und Kombination mit Nagelextraktion unterschieden. Nähere Angaben und Einzelheiten finden sich in der Dissertation von STEPHAN.

Die Unterschiede durch die Lokalisation, wobei die Zehen gegenüber den Fingern sehr benachteiligt sind, spiegeln sich in den Erfolgsquoten wider. Bei Fingernagelmykosen kann man bei ausschließlicher Anwendung von Griseofulvin mit einer Erfolgschance von 62% rechnen, die sich bei Kombination mit Nagelextraktion auf 80% erhöhen läßt. Demgegenüber fallen die Erfolgszahlen bei Zehennagelmykosen wesentlich ab. In diesen Fällen ist eine Beschränkung auf Griseofulvin, da nur zu 11% Heilung zu erwarten ist, nicht mehr vertretbar. Ausschlaggebend ist bei den Zehen die Kombination mit Nagelextraktion, die in 55% zum Erfolg führt. Abgesehen von den Lokalisationsunterschieden beträgt die Erfolgsquote bei 359 Onychomykosen durchschnittlich 43%.

Das Lebensalter, in dem eine Onychomykose zur Behandlung gelangt, spielt für die Erfolgsaussichten eine große Rolle. Es hat sich gezeigt, daß bei alten Menschen Griseofulvin auf die Onychomykosen wesentlich schlechter wirkt als in der Jugend. Von Lebensjahrzehnt zu Lebensjahrzehnt fällt die zu erwartende Erfolgschance ab.

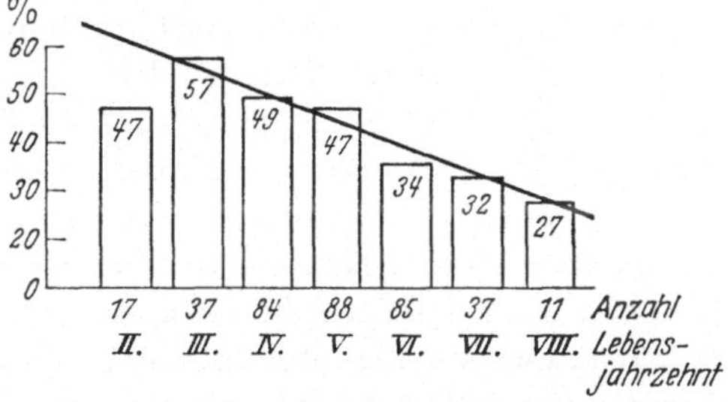

Abb. Lebensalter und Erfolgsquoten bei 359 mit Griseofulvin behandelten Onychomykosen. Abfall der Erfolgsquoten bei zunehmendem Alter

Berechnet man aus diesen Zahlen den Regressionskoeffizienten*), so ergibt sich −0,053; d.h. die Erfolgsquote geht jedes Lebensjahrzehnt im Mittel um etwa 5,3% zurück. Graphisch dargestellt, gibt dieser regelmäßige Abfall etwa eine gerade Linie, zu der nur der Wert der ersten Gruppe (zweites Lebensjahrzehnt) nicht paßt. Da aber die Fallzahl dieser Gruppe mit 17 Onychomykosen gering ist, darf man die Aussagekraft ihres Ergebnisses nicht zu hoch bewerten (Abb.).

Jede Onychomykose ist durch den klinischen Aspekt und mikroskopischen Pilznachweis diagnostiziert worden. Mehr als die Hälfte ist zusätzlich kulturell gesichert; der Rest ist entweder kulturell negativ, oder es wurde keine Kultur angelegt. Es erhebt sich die Frage, ob kulturell gesicherte Onychomykosen besser auf Griseofulvin ansprechen als nicht gesicherte. Die Erfolgsquote in der kulturell positiven Gruppe beträgt 44%, bei negativer Kultur 41% und bei nicht angelegter Kultur 42%. Der geringe Unterschied von 2 bzw. 3% spricht dafür, daß die Erfolgsaussichten bei nicht kulturell gesicherten Onychomykosen praktisch ebenso hoch sind wie bei den gesicherten Fällen. Unter der bekannten Voraussetzung, daß Griseofulvin nur auf Dermatophyten wirkt, ist aus der gleichen Höhe

---

*) Herrn Prof. Dr. Dr. KARL FREUDENBERG †, Direktor des Instituts für Medizinische Statistik der FU Berlin, gebührt mein Dank für die Unterstützung bei der Berechnung.

der Erfolgsquoten retrospektiv zu schließen, daß das mikroskopische Präparat genügt hat, um eine Fadenpilz- von einer Candida-Infektion zu unterscheiden.

Bereits $1^1/_2$ bis 3 Jahre nach Abschluß der Griseofulvinbehandlung kommt es bei 28% zum Rezidiv. Auch bei den Rezidiven schneiden die Zehen wesentlich schlechter ab als die Finger. Die Behandlungsmethode (nur Griseofulvin bzw. Kombination mit Extraktion), unter der die Heilung der Nagelinfektion eingetreten ist, spielt dabei eine geringere Rolle als die Lokalisation. Nach erfolgter Heilung rezidivieren die Finger lediglich zu 11 bzw. zu 22%, die Zehen hingegen zu 67 bzw. 56%. Nach den klinischen Erfahrungen ist das Ergebnis nicht verwunderlich, zumal man bei den Zehen an gehäufte Reininfektionen durch pilzverseuchte Schuhe oder Strümpfe (Kaden) denkt.

Prophylaktische Maßnahmen zur Verhütung von Rezidiven werden nach Abschluß der Behandlung allerorts empfohlen. Wenn man bei der Nachuntersuchung die diesbezüglichen Angaben der Patienten auch mit Vorsicht zu bewerten hat, so läßt sich doch eine Gruppe, die Prophylaxe getrieben hat, von einer anderen, die keine entsprechenden Angaben macht, unterscheiden. Man ist allerdings überrascht, daß ohne Prophylaxe nur 24%, hingegen mit Prophylaxe 43% rezidivieren. Dies mag durch einen Auswahlfaktor bedingt sein, wobei vermutlich nur die schwereren Fälle die Unbequemlichkeit prophylaktischer Maßnahmen auf sich nehmen. Bei den Frauen treten unter den gleichen Voraussetzungen jeweils weniger Rezidive auf als bei den Männern.

Zusammenfassung

Bei katamnestischen Untersuchungen an 359 Onychomykosen haben sich die Lokalisation an den Fingern, die jugendlichen Altersgruppen und die Kombination der Griseofulvintherapie mit Nagelextraktionen als den Therapieerfolg begünstigende Faktoren herausstellen lassen. Nach $1^1/_2$ bis 3jähriger Nachbeobachtungszeit kommt es bereits bei 28% der geheilten Fälle zu Rezidiven, wobei auf die Zehen der weitaus größte Anteil entfällt.

Literatur

Bertino, B.: Spätresultate der peroralen Behandlung der Mykosen mit Griseofulvin. Dermatologica, Basel **123**, 173 (1961).

Frydrychowicz, H.: Griseofulvin bei Nagelmykosen. In Götz, H.: Griseofulvinbehandlung der Dermatomykosen. Berlin-Göttingen-Heidelberg: Springer 1962.

Huber, H. P.: Zur Frage der Recidive bei Mykosen nach Griseofulvinbehandlung. Dermatologica **123**, 164 (1961).

Kaden, R.: Waschdesinfektion von Bekleidungsstücken bei Dermatomykosen. Therap. woche **12**, 149 (1962).

—, Spätresultate der Griseofulvintherapie bei Onychomykosen. Z. Haut-Geschl.-Krkh. **37**, 299 (1964).

Reichenberger, M. u. H. Götz: Zur Therapie der Tinea unguium mit Griseofulvin. In Götz, H.: Griseofulvinbehandlung der Dermatomykosen. Berlin-Göttingen-Heidelberg: Springer 1962.

Riehl, G., und O. Lofferer: Griseofulvinbehandlung der Onychomykosen. Aesthet. Med. **10**, 1 (1961).

Stephan, B.: Inaugural-Dissertation, Berlin 1965.

Prof. Dr. Rudolf Kaden
Hautklinik der Freien Univ.
1 Berlin 65
Rudolf-Virchow-Krhs.

Aus der Universitäts-Hautklinik Hamburg
(Direktor: Prof. Dr. Dr. J. Kimmig)

Untersuchungen zu den Fluoreszenzerscheinungen beim Erythrasma

W. Meinhof und J. Meyer-Rohn

Bis vor wenigen Jahren galt das Erythrasma als eine Mykose, die durch Nocardia minutissima hervorgerufen wird. Die Eingliederung des Erregers in das System der Aktinomyzeten war provisorisch, da sich Nocardia minutissima nicht kultivieren ließ.

Neue Aspekte für die Ätiologie des Erythrasma ergaben sich aus den Untersuchungen von Sarkany, Taplin und Blank (*3, 4, 5*). Die Autoren konnten aus Erythrasmaherden regelmäßig bestimmte Corynebakterien isolieren. Verschiedene Befunde sprachen dafür, daß diese Bakterien die eigentlichen Erythrasmaerreger sind. Vor allem war auffällig, daß die Corynebakterien-Kulturen bei Betrachtung im Wood-Licht die gleiche korallenrote Fluoreszenz zeigten wie die vom Erythrasma betroffenen Hautpartien. Weitere Hinweise für die Rolle der Corynebakterien bei der Entstehung des Erythrasma ergaben sich aus erfolgreichen Therapieversuchen mit Antibiotika wie Erythromycin und aus Übertragungsversuchen.

Mit Hilfe der Wood-Lichtuntersuchungen konnten Sarkany, Taplin und Blank (*5*) eine weitere auffällige Beobachtung machen: Nicht selten wurden rot fluoreszierende mit positivem Corynebakteriennachweis in den Zehenzwischenräumen entdeckt. Das klinische Bild dieser Veränderungen entsprach zwar nicht den charakteristischen Merkmalen des Erythrasma. Dennoch wurden diese Läsionen auf Grund der Fluoreszenz und der bakteriologischen Befunde als Erythrasma bezeichnet. Interdigitale Erythrasmaherde waren bereits früher von Ochoa (*1*) als seltener Befund dargestellt worden.

Wir untersuchten 15 Erythrasma-Patienten, um einen eigenen Eindruck von den beschriebenen neueren Erkenntnissen zu erhalten. Bei den Erythrasmaherden mit typischer Lokalisation war in der Mehrzahl der Fälle die rote Fluoreszenz zu beobachten. Corynebakterien konnten fast stets isoliert werden. Der extrahierte Farbstoff wurde in Übereinstimmung mit den Ergebnissen von Sarkany et al. als ein Porphyrin identifiziert (Dr. R. Wehrmann, Univ.-Hautklinik Hamburg).

Unser besonderes Interesse galt der Frage, ob auch bei unseren Patienten interdigitale Erythrasaherde zu finden seien, wobei die Frage offen bleibt, ob die Bezeichnung als Erythrasma interdigitale berechtigt ist, wenn sich rote Fluoreszenz, verursacht durch Corynebakterien, im Bereich uncharakteristischer Hautläsionen mit leichter Rötung und Schuppung findet.

Bei drei unserer Patienten sahen wir derartige Veränderungen in den Zehenzwischenräumen. Bei zweien fand sich außerdem rote Fluoreszenz der befallenen Hautpartien. Die bakteriologische Kultur ergab den Nachweis von fluoreszierenden Corynebakterien. Die Diagnose eines Erythrasma interdigitale schien also bei diesen beiden Fällen weitgehend gesichert zu sein. Im mykologischen Nativpräparat ließen sich jedoch jene Strukturen, die bisher als Nocardia minutissima bezeichnet wurden, nicht auffinden. Bei einem der Patienten fand sich dagegen im Nativpräparat echtes septiertes und verzweigtes Mycel. In der Kultur wuchs später Trichophyton rubrum. Eine Behandlung mit Erythromycin brachte zwar die Fluoreszenz zum Verschwinden, aber die klinischen Veränderungen bildeten sich nur bei dem Patienten zurück, bei dem wir keine Dermatophyten festgestellt hatten.

Eine ähnliche Beobachtung wurde 1962 von Partridge und Jackson (2) mitgeteilt. Die Autorinnen berichteten ebenfalls über den Nachweis rot fluoreszierender Bakterien in Erythrasmaherden. Sie ordneten die von ihnen isolierten Mikroorganismen in die Gruppe des Bacillus subtilis ein. In ihrem Krankengut sahen sie einen Patienten mit Fluoreszenzerscheinungen in den Zehenzwischenräumen. Den klinischen Veränderungen lag bei diesem Patienten eine Infektion durch Epidermophyton floccosum zugrunde. Darüberhinaus fanden Partridge und Jackson (2) rot fluoreszierende Bazillen gelegentlich auch in Herden von Pityriasis versicolor und sogar Pityriasis rosea.

Die dargestellten Befunde zeigen, daß fluoreszierende Bakterien, vor allem Corynebakterien, als sekundäre Saprophyten auf dem Boden einer anderweitig verursachten Dermatose die Haut besiedeln können. In den Interdigitalräumen der Füße läßt sich eine Epidermophytie leichteren Grades vom Erythrasma interdigitale klinisch nicht abgrenzen. Die Untersuchung im Wood-Licht und bakteriologische Befunde können zwar einen Hinweis auf eine bakterielle Infektion der Herde geben, reichen aber nicht aus, um die Diagnose eines Erythrasma zu sichern. Um eine Epidermophytie mit sekundärer Besiedlung durch fluoreszierende Corynebakterien auszuschließen, ist eine mykologische Untersuchung mit Nativpräparat und Kultur erforderlich.

Zusammenfassung

Bei Untersuchungen an 15 Erythrasma-Patienten konnten die von Sarkany et al. mitgeteilten Befunde über die Besiedlung der Erythrasmaherde mit fluoreszierenden Corynebakterien voll bestätigt werden. Die von den gleichen Autoren festgestellte Häufigkeit des Erythrasma interdigitale der Füße ließ sich bei unseren Patienten nicht bestätigen. Dagegen stellte sich heraus, daß rote Fluoreszenz und Besiedlung mit Corynebakterien auch bei Epidermophytien der Interdigitalräume gefunden werden. Hieraus ergibt sich, daß bakteriologische und Wood-Licht-Untersuchungen die mykologische Diagnostik mit Nativpräparat und Kultur nicht ersetzen können.

Literatur

1. Ochoa, A. G.: Erythrasma, in: R. D. G. Ph. Simons: Medical Mycology. Amsterdam: Elsevier. 1954.
2. Partridge, B. M., and F. C. Jackson: The fluorescence of erythrasma. Brit. J. Derm. **74**, 326–328 (1962).
3. Sarkany, I., D. Taplin and H. Blank: erythrasma-common bacterial infection of the skin. J. Amer. Med. Ass. **177**, 130–132 (1961).
4. –, The etiology and treatment of erythrasma. J. Invest. Derm. **37**, 283–290 (1961).
5. –, Incidence and bacteriology of erythrasma. Arch. Derm. Syph. (Chicago) **85**, 578–582 (1962).
6. Taplin, D., I. Sarkany and H. Blank: The erythrasma diphtheroid: a bacteriological study. J. Bact. (im Druck), zit. nach (*5*).

Dr. W. Meinhof
Dermatologische Univ.-Klinik
355 Marburg/Lahn, Deutschhausstr. 9
Prof. Dr. J. Meyer-Rohn,
Oberarzt der Univ.-Hautklinik Hamburg-Eppendorf
2 Hamburg 20, Martinistr. 52

Aus der Universitäts-Hautklinik Hamburg-Eppendorf
(Direktor: Prof. Dr. Dr. J. Kimmig)

Wirkungsweise von Pimaricin in der Warburg-Apparatur

J. Meyer-Rohn

Mit 2 Abbildungen

Bei der von Warburg angegebenen Methode wird der Sauerstoff-Verbrauch proliferierender Mikroorganismen in der logarithmischen Vermehrungsphase manometrisch gemessen. In dieser Phase der Vermehrung

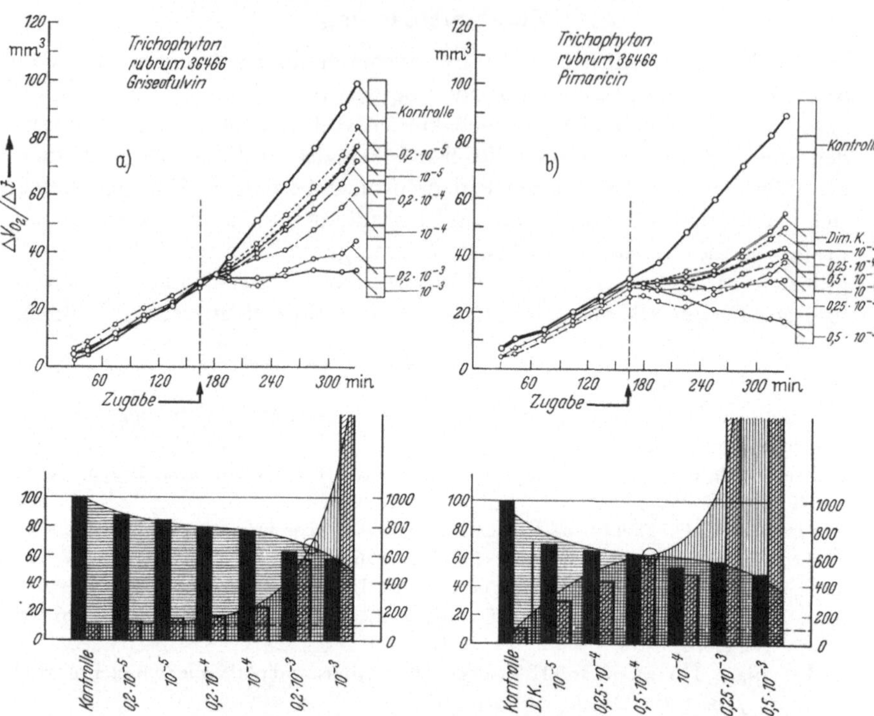

Abb. 1. Wirkung von Griseofulvin und Pimaricin auf Tr. rubrum unter den Bedingungen der Warburgschen Apparatur

weisen die Steigerung des Sauerstoff-Verbrauchs und die Steigerung der Keimzahl gleiche durchschnittliche Geschwindigkeiten auf. Somit ist innerhalb der Hauptphase der Vermehrung die Generationsdauer (d. h. die Zeit, in welcher sich die Keimzahl verdoppelt) gleich der Zeit, die für die Verdoppelung der Atmungsgröße erforderlich ist.

Die Intensität eines auf die Mikroben in vitro einwirkenden Wirkstoffes wird durch die graphische Aufzeichnung der fortlaufenden Meßwertreihen und zusätzlich durch die Berechnung der Generationsdauer bestimmbar.

Für die experimentelle Chemotherapie aller durch bekannte Erreger verursachten Infektionen ist diese manometrische Untersuchungsmethode eine der wenigen exakten Bestimmungsmöglichkeiten, die über die Wirkungsweise von Hemmstoffen quantitative und qualitative Schlüsse zuläßt. Im Vergleich zu dieser liefern andere Testverfahren (Röhrchentest, Plattentest u. a.) bei Prüfung des gleichen Mittels vielfach unterschiedliche, nicht vergleichbare Ergebnisse.

Gemeinsam mit G. Meier untersuchten wir unter konstanten Versuchsbedingungen das Pimaricin vergleichend mit Griseofulvin und Malachitgrün in der Warburg-Apparatur an je 10 Stämmen von Trichophyton

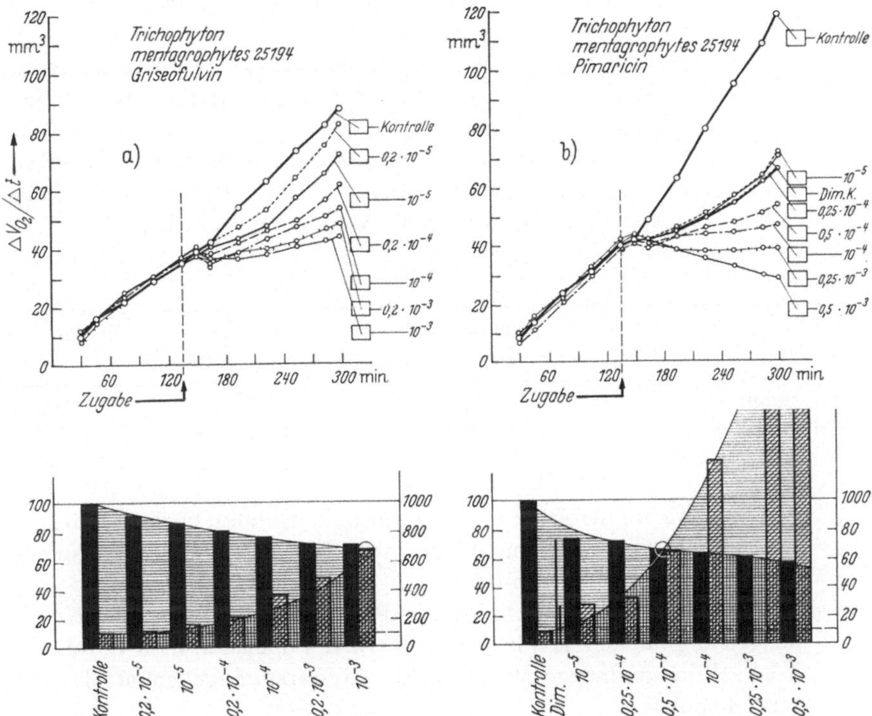

Abb. 2. Wirkung von Griseofulvin und Pimaricin auf Tr. mentagrophytes „im Warburg"

rubrum (Abb. 1) und mentagrophytes (Abb. 2), mehreren Stämmen von Tr. ferrugineum und einem Stamm Penicillium claviforme. Als Nährmedium diente Standard II-Nährbouillon MERCK mit Zusatz von 4% Maltose, 2% Glukose und 1% Pepton, die durch 2 g Kaliumdihydrogenphosphat auf 1 l Bouillon gepuffert war.

Zum Pimaricin sei noch bemerkt, daß dieses bereits 1955 von den Holländern STRUYK und Mitarbeitern (2) aus Streptomyces natalensis isolierte Antibiotikum von dem Ort Pietermaritzburg, aus dem die Bodenprobe mit dem Streptomyces-Stamm entnommen wurde, seinen Namen hat. Chemisch besitzt Pimaricin Tetraenstruktur und damit Verwandtschaft zu den Antibiotika Nystatin, Rimocidin und Amphotericin B.

Für die Versuche wurde Pimaricin in Dimethylformamid und Lutrol zu gleichen Teilen gelöst. Bei der Auswertung der Versuche wurde dem Eigenhemmeffekt des Lösungsmittels Rechnung getragen.

Ergebnisse: Aus der Fülle hochinteressanter Einzelergebnisse, die uns u.a. Einblicke gestatten in den Wirkungsmechanismus der Proliferation der Fungi, werden die Resultate der Messungen nachfolgend kurz skizziert:

12*

Malachitgrün erreicht in allen geprüften Konzentrationen die höchste antimykotische Aktivität.

Pimaricin ist in niedrigen Konzentrationen am schwächsten wirksam, in höheren Konzentrationen erzielt es jedoch die gleichen Wirkungen wie Malachitgrün.

Griseofulvin steht im niedrigen Konzentrationsbereich zwischen Malachitgrün und Pimaricin. In hohen Konzentrationen zeigt Griseofulvin die schwächste antimykotische Aktivität (s. Tabelle).

Tabelle

	Fungistatische Grenzkonzentration	deutliche Wachstumshemmung	Fungizidie
Malachitgrün	1 : 500 000	1 : 100 000	1 : 1000
Griseofulvin.	1 : 500 000	1 : 50 000	1 : 833
Pimaricin	1 : 100 000	1 : 20 000	1 : 3333

Die 3 Trichophytonarten weisen Sensibilitätsunterschiede auf, ebenso die verschiedenen Stämme einer Art. Primär Primaricin-resistente Stämme wurden nicht gefunden.

Im Gegensatz zu Malachitgrün und Pimaricin ist Griseofulvin Keimmengen-empfindlich. Das heißt: eine geringe Population wird durch die gleiche Wirkstoffmenge stärker in der Respiration gehemmt als eine starke Population.

Zusammenfassung

Pimaricin, ein Antibiotikum aus Streptomyces natalensis mit Wirkung auf Sproß- und Fadenpilze, wurde unter den Bedingungen der Warburg-Apparatur vergleichend mit Malachitgrün und Griseofulvin untersucht. Pimaricin ist in niedrigen Konzentrationen schwächer, in hohen Konzentrationen (Fungizidie) jedoch stärker wirksam als Griseofulvin und Malachitgrün. Pimaricin ist im Gegensatz zu den beiden Vergleichssubstanzen *nicht* keimmengenempfindlich. Die geprüften Dermatophytenstämme zeigen keine einheitliche, sondern eine unterschiedliche Sensibilität gegenüber Pimaricin.

Literatur

Meier, G.: Manometrische Untersuchungen über die antimycetische Wirkung von Malachitgrün, Griseofulvin und Pimaricin an Trichophyton-Stämmen in der Warburgapparatur. Inaugural-Dissertation, Hamburg 1966.
Struyk, A. P., J. Hoette, G. Drost, J. M. Waiswisz, T. van Eck und J. C. Hoogerheide: Pimaricin a new antifungal antibiotic. Antibiotics Annual 878, 1957/58.

Prof. Dr. Joh. Meyer Rohn
Universität-Hautklinik
2 Hamburg-Eppendorf

Aus dem Institut f. med. Mikrobiologie der Farbenfabriken Bayer AG, Elberfeld

Versuche zum Wirkungsmechanismus des Griseofulvin

M. Plempel

Mit 1 Abbildung

Zwei Gesichtspunkte standen bisher beim Studium des Wirkungsmechanismus von Griseofulvin auf Dermatophyten im Vordergrund:
1. Das „curling" der Hyphen Griseofulvin-behandelter Mycelien,
2. Hemmung der Metaphase im Kernteilungszyklus Griseofulvin-behandelter Zellen.

Das Curling-Phänomen lenkte die Aufmerksamkeit mehrerer Autoren zunächst auf die Zellwand. Man vermutete — ähnlich wie beim Penicillin —, Ort der Griseofulvin-Wirkung sei die Zellwand. Campbell führt das Curling auf eine Erweichung der Mycelwände zurück und schließt mechanistisch, solcherart erweichte Hyphen seien nicht mehr in der Lage, die Haut erkrankter Tiere oder Menschen zu penetrieren. Dazu kam der Verdacht, Griseofulvin wirke nur gegen Pilze mit Chitinwänden.

Mucor, Blakeslea, Aspergillus und Trichophyton enthalten in ihren Zellwänden nach Untersuchungen von Prince und Frey 90—95 % Chitin, unterscheiden sich jedoch in ihrer Empfindlichkeit gegen Griseofulvin beträchtlich: So wächst Aspergillus niger noch bei 300 μg Griseofulvin/ml Substrat normal, Trichophyton wird schon bei maximal 5 μg Griseofulvin/ml Substrat im Wachstum völlig gehemmt.

Andere Anhaltspunkte für eine Wandwirkung des Griseofulvin als das Hyphencurling sind z. Z. nicht bekannt.

Die 2. Beobachtung — Hemmung der Metaphasenbildung im Kernteilungszyklus — führte zu Vermutungen über eine Interferenz des Griseofulvin mit der Nucleinsäurebiosynthese. McNall bezeichnete die Griseofulvin-Wirkung als Colchicin-ähnlich und brachte die Griseofulvin-Struktur in Beziehung zu Purin-Ribosiden, um daraus einen kompetitiven Antagonismus zur Nukleinsäuresynthese abzuleiten.

Diese Vorstellungen veranlaßten uns, Purine und Pyrimidine, die als Nukleinsäure-Bausteine fungieren, in ihrer Wirkung auf Griseofulvin-gehemmte Mycelien von Trichophyton mentagrophytes zu untersuchen.

Wir prüften Adenin, Guanin, Hypoxanthin, Xanthin, Thymin, Uracil, Cytosin, die zugehörigen Nucleoside sowie die im Bisyntheseweg folgenden 5′-Monophosphorsäureester dieser Nucleoside.

Methodisch wurde so verfahren, daß Griseofulvin und die genannten Prüfsubstanzen im gleichen, doppelten und dreifachen mikromolaren Verhältnis zusammen auf Papierplättchen aufgeföhnt wurden. Diese Papierplättchen wurden sterilisiert, in Petrischalen gegeben, mit Agar überschichtet und darauf eine Sporensuspension von Trichophyton mentagrophytes homogen ausgespatelt.

Das Ergebnis zeigt die Abb.

Nach unseren Versuchen vermag nur Guanin in 1- und 2fachem molarem Verhältnis die Hemmwirkung des Griseofulvin auf Trichophyton mentagrophytes völlig aufzuheben. Eine gewisse antagonistische Wirkung zeigt außerdem Hypoxanthin, das dem Aminopurin Guanin entsprechende Hydroxypurin. Die anderen Purin- und Pyrimidinbasen und *alle* Nucleoside und 5′-Phosphorsäureester — auch die des Guanins — zeigten keinen Einfluß auf die Hemmwirkung des Griseofulvin.

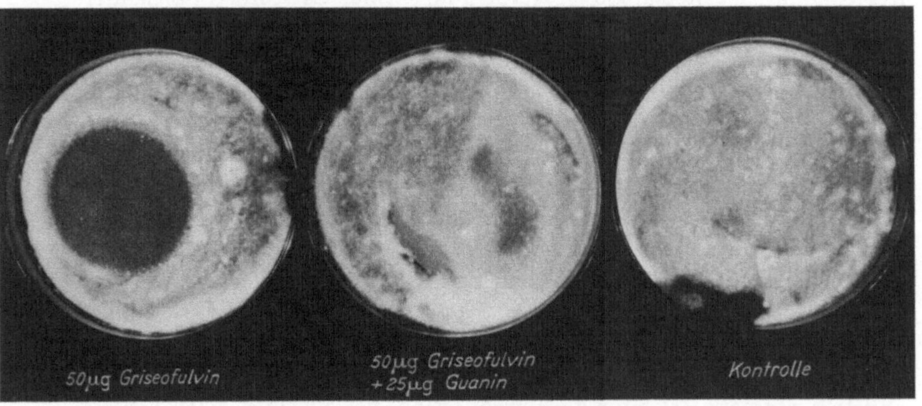

Abb. Aufhebung der Hemmwirkung von 50 µg Griseofulvin bei Trich. ment. durch 25 µg Guanin

Wir prüften daraufhin die RNS- und DNS-Synthese Griseofulvin-behandelter und unbehandelter Kulturen von Trichophyton mentagrophytes:

Die RNS und DNS wurde nach Ogur und Rosen mit kalter bzw. 70°C-Perchlorsäure aus gleichen Mengen der lyophilisierten Mycelien extrahiert und spektralphotometrisch bei 230—260 mµ gemessen.

Der RNS-Gehalt der mit 5 und 10 µg Griseofulvin/ml Substrat behandelten Mycelien — bezogen auf die molare Extinktion — war um 40 bzw. 90% erhöht im Vergleich zur unbehandelten Kontrolle. Der DNS-Gehalt war in beiden Proben ungefähr gleich.

Bestimmungen des Gesamt-N an mit 5 γ Griseofulvin/ml Substrat behandelten Mycelien erbrachten einen Anstieg des Stickstoffgehaltes auf 5,7%. Unbehandelte Mycelien enthielten nur 4,4% Gesamt-N.

Zusammen mit dem Anstieg der RNS-Extinktion im UV besagt dieses Ergebnis: Die Beeinflussung der RNS durch Griseofulvin führt zu einer Störung der Proteinsynthese. Der Anstieg des Gesamt-N bei behandelten Mycelien ist auf eine Anhäufung löslicher Stickstoff-Verbindungen zurückzuführen. Zwei Möglichkeiten, *wie* Griseofulvin mit Guanin und der RNS interferiert, sind denkbar:

1. Griseofulvin wird anstelle von Guanin in die RNS eingebaut, ähnlich wie Azaguanin.
2. Griseofulvin bildet mit der RNS stabile Komplexe unter wesentlicher Beteiligung der in der RNS enthaltenen Guanine. Ein ähnliches Verhalten ist vom Actinomycin C bekannt, das mit dem N-7 der Guaninringe in der DNS stabile Komplexe eingeht.

Aus beiden Fällen würde eine Steigerung der molaren Extinktion isolierter RNS im UV-Licht von 230—260 mμ resultieren, da Griseofulvin bei 255 mμ eine Emax von 24000 zeigt. Ebenso könnte in beiden Fällen eine Störung der Protein-Synthese gemessen werden.

Beide Möglichkeiten sollen durch weitere Versuche geprüft werden.

Interessant ist, daß viele Asko- und Zygomyceten selbst von exzessiv hohen Dosen Griseofulvin nicht gehemmt werden. Man könnte sagen, die Griseofulvin-unempfindlichen Pilze können das Griseofulvin nicht aus dem Substrat aufnehmen, haben also eine andere Zellmembran-Permeabilität.

Wir haben an Aspergillus niger, Rhiz. nigricans und Blakeslea trispora diese Fähigkeit zur Griseofulvin-Aufnahme aus dem Substrat geprüft und konnten aus dem Plasma gewaschener und zertrümmerter Mycelien Griseofulvin isolieren. Die unterschiedliche Empfindlichkeit liegt also nicht an der Aufnahmefähigkeit der einzelnen Mycelien.

Wir nehmen daher an, daß Guanin, der Antagonist des Griseofulvin, in der RNS empfindlicher Pilze in anderer Menge und in einer anderen strukturellen Anordnung der Basenpaare auftritt als bei nicht empfindlichen Pilzen.

Literatur

BRIAN, P. W.: Antibiotics as Sistemic Fungicides and Bactericides. Ann. Appl. Biol. **39**, 484 (1952).

—, Studies on the biological activity of Griseofulvin. Ann. Botany **13**, 59 (1949).

CAMPBELL, A. H.: In: SCHNITZER und HAWKING: Experimental Chemotherapy, Bd. III, S. 461—476 (New York: Academic Press, 1964).

FREY, R.: Chitin und Zellulose in Pilzzellwänden. Ber. d. Schweiz. Bot. Ges. 1950, 199—227.

KERSTEN, W., und H. KERSTEN: HOPPE-SEYLER, Zschr. physiol. Chem. **330**, 21—30 (1962).

KIRBY, K. S.: Biochem. J. **64**, 405 (1956).

MCNALL, E. G.: Metabolic Studies on Griseofulvin and its Mechanism of Action. Antibiotics Annual 674—679 (1959—1960).

PRINCE, H. N.: Quantitative estimation of Chitin in Trichophyton ment. and the in vitro-effect of Chitinase. J. invest. dermatol. **35**, 1 (1960).

RIETH, H.: Antimykotica, unter besonderer Berücksichtigung des Griseofulvins. Hautarzt **12**, 5/6, 194—207 (1961).

Dr. M. PLEMPEL
Institut f. med. Mikrobiol.
der Farbenfabriken Bayer AG
56 Elberfeld

Aus der Deutschen Forschungsanstalt für Lebensmittelchemie München

Lebensmittel als mögliche Quelle humanpathogener Pilze

F. SENSER

Obwohl die Mehrzahl der etwa 85000 bekannten Pilzarten saprophytär lebt, ist nur von relativ wenigen Stämmen bekannt, daß sie Warmblütler als Wirtsorganismen benutzen. Eine vollständige Liste humanpathogener Pilze gibt es nicht.

Ein wesentliches Charakteristikum pathogener Pilze ist ihre Fähigkeit, die Gewebeschranke des fremden Organismus zu durchbrechen und sich auf geschädigtem Gewebe anzusiedeln.

Das Verhältnis Pilz—Mensch in seiner Wechselwirkung wird erst nach und nach — wie die Vorträge des zweiten Hauptthemas dieser Tagung zeigen — geklärt. Es ist zu untersuchen, ob Produkte des Pilzstoffwechsels ein Krankheitsbild beim Wirtsorganismus auslösen, oder ob ein spezifischer Fermentapparat die Ursache einer Erkrankung ist, wie es etwa der fermentative Keratinabbau einiger Dermatophyten, (z.B. Microsporium- und Trichophytumarten) sein kann. Nicht zuletzt besteht die Möglichkeit, daß durch den Abbau von Pilzmaterial im Wirtsorganismus Substanzen freigesetzt werden, die auf direktem oder indirektem Wege den Wirtsorganismus beeinflussen und Allergien, die sich bis zu tödlich verlaufenden Krankheiten ausweiten können, verursachen.

Manche der pathogenen Pilze können erst nach Verletzungen der Haut des Wirtes in diesen eindringen, z.B. die Erreger der Sporotrichose, Maduromykose und Chromoplastomykose. Diese Erreger durchwuchern dann die Subcutis. Ebenso können Augenverletzungen ein Eindringen von bestimmten Pilzen bis zur Gehirnregion ermöglichen. Auf dem Atemweg gelangen Aspergillen in die Lunge und rufen dort u.U. Lungenaspergillose hervor.

In den soeben besprochenen Fällen dürfte die direkte Einwirkung des Pilzes auf den Wirt durch Fermentreaktionen und durch seine Stoffwechselprodukte die primäre Ursache von Krankheitsbildern sein. Dies ist bei Pilzen, welche mit der Nahrung in den Wirtskörper gelangen, ebenfalls möglich und bei einigen bereits festgestellt. Gelangen Pilze, Sporen oder Myzelien, in den Wirtsorganismus, so entstehen hierbei zusätzlich Pilzabbauprodukte, die wiederum leicht Allergien auslösen können. Diese allergischen Reaktionen lassen sich nicht leicht auf eine bestimmte Pilzart zurückführen.

Aus Lebensmitteln kann man verschiedenste Pilze isolieren. Wir versuchen seit einiger Zeit einen Überblick über die lebensmittelverderbende Mikroflora — speziell Schimmelpilze — zu gewinnen. Wir stellten uns die Frage, welche Mikroorganismen die häufigsten und charakteristischsten

Verderber eines bestimmten Lebensmittels sind, und ob sie sich bei den sich fortentwickelnden Herstellungs- und Konservierungsverfahren ebenfalls mit verändern. In der Literatur sind zumeist Pilze als aus Lebensmitteln isoliert angegeben worden, von denen jedoch nicht geklärt ist, ob sie als typische Verderber zu werten sind, oder nur zufällig darin vorkommen. Ist ein Mikroorganismus ein typischer Verderber eines Nahrungsmittels, so wird er, trotz dessen Konservierung, sich weiter vermehren und dadurch eine besondere Gefahrenquelle darstellen.

Bei Fruchtsäften z.B. können wir bereits auf ein vorläufiges Ergebnis hinweisen, was natürlich weiterhin vervollständigt wird. Von allen untersuchten Säften waren 93% mit irgendwelchen Keimen befallen. Die meisten Proben, etwa 86%, enthielten Schimmelpilze. Bei 11,9% konnte experimentell Verderb ausgelöst werden (durch Verdünnung des Substrates und guter Sauerstoffzufuhr); 6,3% waren von Anfang an verdorben. Diese eigentlichen Verderber, zusammen etwa 18%, setzten sich also in erster Linie aus Pilzen zusammen, die unter den gegenwärtigen technologischen Bedingungen bei Fruchtsäften nicht nur am Leben bleiben sondern sich im Substrat bis zu einem gewissen Maße weiterentwickeln, also durchaus in größeren Mengen in den menschlichen Körper gelangen können.

Neben nachweislich potentiell pathogen wirkenden Schimmelpilzen wie z.B. Aspergillus niger, Penicillium italicum, Cladosporium herbarum usw., die aus Fruchtsäften isoliert wurden, scheinen Gliocladium-Paecilomyces-Byssochlamys zu den für die Fruchtsaftindustrie gefürchtetsten Verderbern zu zählen. Denn diese Pilze sind weitgehend hitzeresistent (bis Temperaturen von 80 °C) und wachsen auch bei starkem Sauerstoffmangel gut. Höhere Temperaturen bei der Konservierung von Fruchtsäften würden u.a. einen Vitaminabbau zur Folge haben.

Allgemein läßt sich über die Fruchtsäfte sagen, daß sie als eines von vielen Lebensmitteln in gewissen Grenzen auch ein Reservoir für pathogen und toxisch wirkende Pilze darstellen.

Überblickt man nun in der Literatur die Fülle der genannten Pilze, welche aus den verschiedensten Lebensmitteln isoliert wurden, so zeigt sich, daß Lebensmittel durchaus eine Quelle humanpathogener, toxisch wirkender Pilze sein können. Aspergillus flavus sowie Byssochlamys fulva, um einige neuerdings bekanntere zu nennen, bieten sich hier dem Verbraucher in durchaus schmackhafter Form an. Inwieweit ihr Vorkommen typisch für das jeweilige Substrat ist, wird sich noch erweisen, wenn wir eine genügend große Zahl von den betreffenden Lebensmitteln untersucht haben.

Einschränkend muß hier noch hinzugefügt werden, daß die Aufnahme humanpathogener Pilze nicht immer eine Infektion oder Allergie hervorrufen muß, da die Konstitution des Menschen dabei eine wesentliche Rolle spielt.

Zusammenfassung

In den bis jetzt untersuchten Lebensmitteln, speziell den hier erwähnten Fruchtsäften, kommen humanpathogene Pilze vor. Eine Unterscheidung in direkt verderbende und nur vorkommende Pilze im jeweiligen Substrat ist für die Probleme der Herstellung und Konservierung der betreffenden Lebensmittel notwendig. Diese Unterscheidung dürfte aber auch vom medizinischen Standpunkt aus interessant sein, da direkte Verderber durch Konservierungsmethoden bis jetzt unvollständig in ihrer Entwicklung gehemmt wurden und somit u. U. in größeren Mengen mit der Nahrung aufgenommen werden. Ob es sich hierbei um unschädliche, nicht toxisch oder stark pathogen wirkende Pilze handelt, muß von Fall zu Fall ermittelt werden.

Die hier vorgetragenen Ergebnisse wurden in Zusammenarbeit mit Dr. H.-J. Rehm, Dr. H. Wittmann und E. Rautenberg erhalten.

Literatur

Dittmer, D. S.: Handbook of Toxicology, Vol. V: Fungicides. Philadelphia and London 1959.

Lewin, L.: Gifte und Vergiftungen. 4. Aufl. Berlin 1929.

Rieth, H.: Therapeutische Berichte, H. 4/5. Bayer/Leverkusen 1958.

F. Senser, H. Wittmann, H. J. Rehm und E. Rautenberg: Investigations on Moulds in Food. I. Moulds in Fruit-juices. Food Science (z. Z. im Druck).

Dr. F. Senser
Deutsche Forschungsanstalt
für Lebensmittelchemie
8 München

Namenverzeichnis

Sachverzeichnis